Magdominic Ménard

Calcul différentiel et intégral

De l'image mentale à la pertinence de l'algèbre

Cahier de fonctions

Calcul différentiel et intégral

De l'image mentale à la pertinence de l'algèbre

Célyne Laliberté
Professeure de mathématiques
Collège de Sherbrooke

Cahier de fonctions

5757, RUE CYPIHOT, SAINT-LAURENT (QUÉBEC) H4S 1X4
TÉLÉPHONE : (514) 334-2690 TÉLÉCOPIEUR : (514) 334-4720

Supervision éditoriale :
Jacqueline Leroux

Révision linguistique :
Colette Messier

Correction d'épreuves :
Suzanne Delisle et Jacqueline Leroux

Coordination graphique :
Muriel Normand

Réalisation infographique :
Infographie G.L.

Couverture :

Photographie de la page couverture :
Planétarium de Montréal

La photographie de la page couverture représente la nébuleuse Trifide, qui se trouve à 3500 années-lumière de nous. Cet immense nuage de gaz (principalement de l'hydrogène) brille en donnant une lumière rosée, grâce à l'intense rayonnement ultraviolet des étoiles qui s'y sont formées. Dans d'autres parties de la nébuleuse, la lumière se réfléchit sur de minuscules grains de poussière et leur donne une couleur bleue.

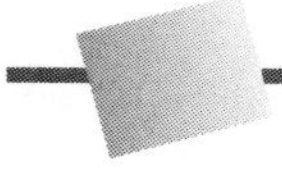

Dépôt légal: 3e trimestre 1994
Bibliothèque nationale du Québec
Bibliothèque nationale du Canada
Imprimé au Canada

ISBN 2-7613-0807-7

1234567890 IE 987654
2418 ABCD OF10

Ce cahier d'exercices accompagne le volume du même nom. Il vous permettra d'examiner en détail, pour 18 fonctions, les différents concepts ou notions que nous verrons au cours de la session et ce, graphiquement, numériquement et algébriquement. Pour 12 autres fonctions, vous pourrez exercer graphiquement les connaissances que vous avez acquises, comme vous pourrez le faire algébriquement lors de vos exercices de révision.

Le fait d'aborder les notions du cours sous trois modes différents vous permettra de mieux saisir leur portée : vous pourrez plus facilement vous représenter mentalement tel résultat algébrique, prévoir, à partir du graphe d'une fonction, ce que devrait vous donner tel calcul algébrique, ou encore, de façon plus importante, mieux saisir le pourquoi et le comment des étapes à effectuer lors de telle analyse parce que vous possédez une bonne image mentale de la situation...

De l'image mentale à la pertinence de l'algèbre...

Selon que vous travaillez ou non en laboratoire de micro-ordinateurs, les sections de ce cahier seront à compléter soit à la suite d'un laboratoire, soit lorsque cela vous sera proposé par le biais des exercices du manuel. Le traitement des fonctions s'effectuera en spirale : vous travaillerez tous les blocs 1L des fonctions, puis tous les blocs 2L, 3L, 3, etc. Vous rencontrerez souvent une question du style : « Y a-t-il concordance entre vos résultats algébriques, graphiques et numériques ? » Ne répondez pas « oui » sans avoir bien vérifié ! Il se peut que vous rencontriez des résultats qui ne concordent pas : ils sont le signe que vous éprouvez une difficulté dans un raisonnement. Peut-être raisonnez-vous de façon machinale, sans vous poser de questions ? Découvrez ce qui ne va pas... Vous corrigerez ainsi un détail qui pouvait vous sembler anodin, mais qui cependant vous ralentissait.

Le cahier est formé de feuilles détachables. En tout temps, votre professeur peut ramasser des sections de ce cahier afin de vérifier votre travail et la régularité de celui-ci. Ce cours étant pyramidal, commencez-le du bon pied, et prenez de bonnes habitudes de travail !

Bonne session !

Célyne Laliberté

Introduction

Table des matières

Fonction $f_1(x) = -5x + 10$

Allure du graphe de la fonction...

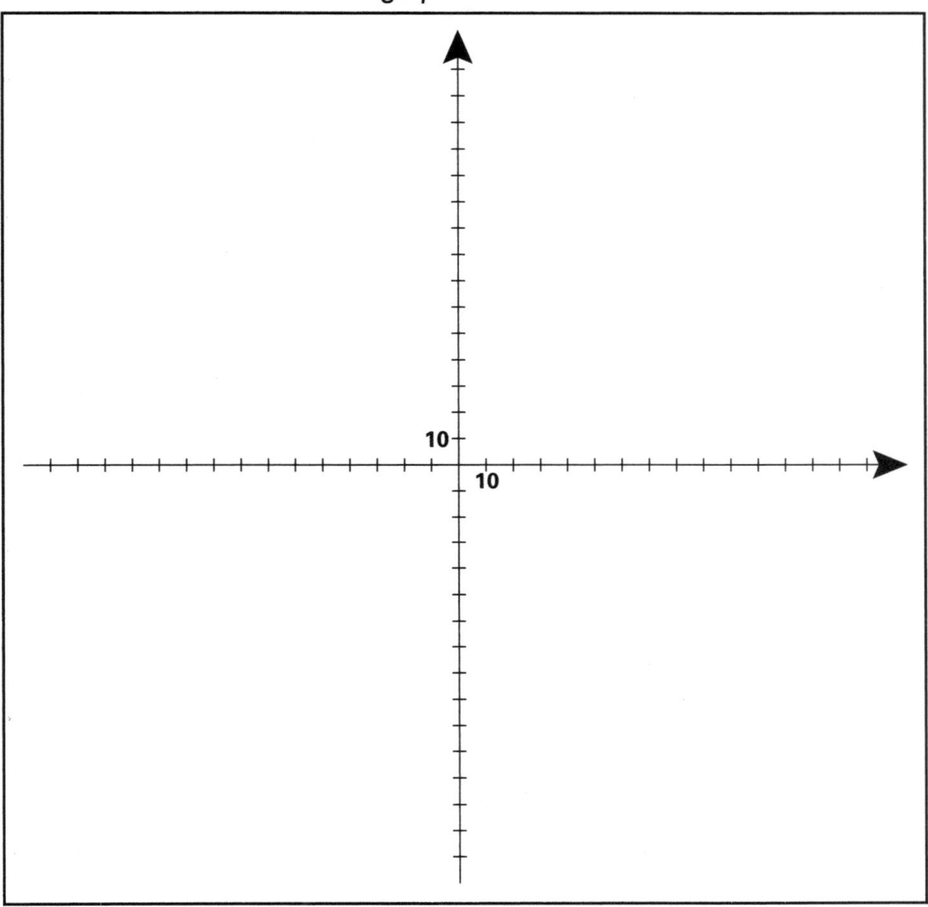

Allure de la fonction dérivée...

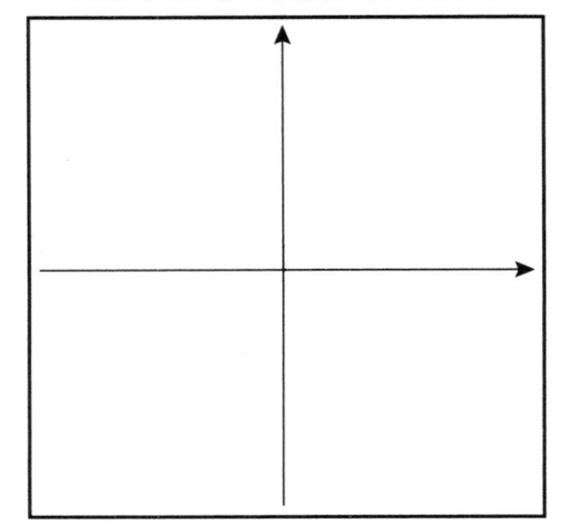

Intersections avec les axes...

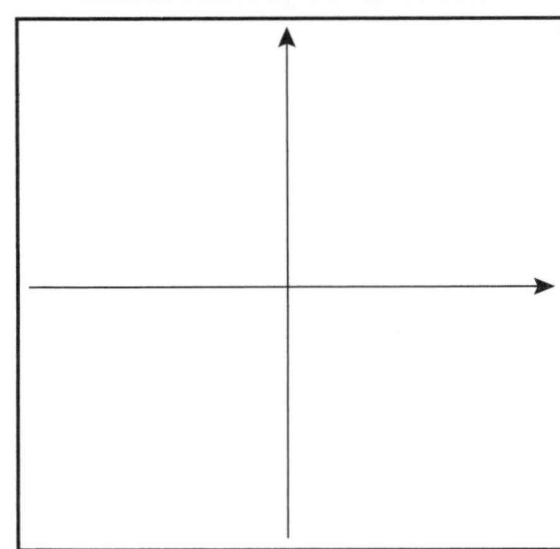

Fonction $f_1(x) = -5x + 10$

1L.1 Y a-t-il des valeurs réelles pour lesquelles vous n'obtenez pas d'images par f_1 ?

Si oui, lesquelles ? ____

(En laboratoire, ces valeurs sont celles pour lesquelles la procédure COUPLE utilisée avec $F1$ ne retourne pas de résultat.)

1L.2 Domaine de $f_1(x)$ = ________________

1L.3 Des points intéressants : les intersections avec les axes.

Ordonnée à l'origine : __________________ ... point correspondant : (______, _____)

Zéro ou racine : ______________________ ... point correspondant : (______, _____)

1L.4 Placez les points que vous venez de trouver sur le système d'axes intitulé « Intersections avec les axes ».

1L.5 La pente de $f_1(x)$ est _________.

Bloc 2L

2L.1 Quelles sont les particularités du graphe que vous observez à l'écran ?

____

____

____

2L.2 Si vous travaillez en laboratoire, redessinez sur le système d'axes intitulé « Allure du graphe de la fonction » ce que vous voyez à l'écran.

2L.3 Les renseignements trouvés au bloc 1L concordent-ils avec le graphe que vous venez d'obtenir ?

____

Bloc 3L

3L.1 Étude de la fonction autour de $x = 20$.

- Si vous travaillez en laboratoire, les procédures LIMITEG et LIMITED vous ont permis d'étudier numériquement le comportement de la fonction à gauche et à droite de $x = 20$. Voyons ce que vous avez obtenu ...
- Si vous ne travaillez pas en laboratoire, vous avez examiné le comportement de la fonction à gauche et à droite de $x = 20$ à l'aide de votre calculatrice à l'exercice 6 de la section 2.4, de même que graphiquement à l'exercice 7. Voyons ce que vous avez obtenu ...

Vos résultats numériques et le graphe de la fonction concordent-ils? ______________

Plus x s'approche de 20 par la gauche,
plus $f_1(x)$ s'approche de __________________ c.-à-d. $\lim_{x \to 20_-} f_1(x)$ __________________

Plus x s'approche de 20 par la droite,
plus $f_1(x)$ s'approche de __________________ c.-à-d. $\lim_{x \to 20_+} f_1(x)$ __________________

Vous pouvez conclure que $\lim_{x \to 20} f_1(x)$ __________________

Bloc 3

3.1 Évaluez algébriquement les limites suivantes:

a) $\lim_{x \to 20} (-5x + 10) =$

b) $\lim_{x \to -4} (-5x + 10) =$

Y a-t-il concordance entre ces résultats algébriques, le graphe de la fonction et, s'il y a lieu, les calculs numériques de limites du bloc 3L? __________________

3.2 Graphiquement, c'est-à-dire en examinant l'allure du graphe de la fonction que vous avez déjà redessiné, trouvez-vous des discontinuités?

Si oui, pour quelles valeurs de x? (Faites des approximations si nécessaire.) ______________

3.3 Algébriquement, montrez que f_1 est continue en $x = 2$ en vérifiant une à une les trois conditions de la définition formelle de la continuité en un point, page 187 du manuel.

1º:

2º:

3º:

Conclusion:

Bloc 4L

4L.1 Étude de la fonction aux extrémités de l'axe des x.

- Si vous travaillez en laboratoire, les procédures LIM'INFINI, LIM'MS'INF vous ont permis d'étudier numériquement le comportement de la fonction lorsque x tend vers $+\infty$ et lorsque x tend vers $-\infty$. Voyons ce que vous avez obtenu ...
- Si vous ne travaillez pas en laboratoire, vous avez examiné graphiquement ces comportements à l'exercice 7 de la section 2.13. Voyons ce que vous avez obtenu ...

S'il y a lieu, vos résultats numériques et le graphe de la fonction concordent-ils? __________

Plus x s'approche de $+\infty$,
plus $f_1(x)$ s'approche de ______________ c.-à-d. $\lim_{x \to +\infty} f_1(x)$ ______________

Plus x s'approche de $-\infty$,
plus $f_1(x)$ s'approche de ______________ c.-à-d. $\lim_{x \to -\infty} f_1(x)$ ______________

Bloc 4

4.1 Évaluez algébriquement les limites suivantes :

a) $\lim_{x \to +\infty} (-5x + 10) =$

b) $\lim_{x \to -\infty} (-5x + 10) =$

Y a-t-il concordance entre ces résultats algébriques, le graphe de la fonction et les calculs numériques de limites du bloc 4L ? ____________

4.2 Recherche algébrique d'asymptotes horizontales.

Il faut évaluer les limites suivantes : ________________________

Or, vous avez déjà évalué ces limites algébriquement. Vous avez obtenu :

____

Tirez vos conclusions en écrivant, s'il y a lieu, les équations des asymptotes horizontales et en indiquant la (les) région(s) où chacune joue son rôle.

____

Bloc 5L

5L.1

- Si vous travaillez en laboratoire, la procédure SÉCANTES vous a permis de rechercher les droites candidates au poste de tangente à la courbe de f_1 au point d'abscisse $x = 30$ avec un écart $\Delta x > 0$ et avec un écart $\Delta x < 0$. Vous y avez de plus estimé la valeur limite de leur pente. Voyons ce que vous avez obtenu …
- Si vous ne travaillez pas en laboratoire, vous pourriez rechercher graphiquement les droites candidates au poste de tangente à la courbe de f_1 au point d'abscisse $x = 30$ avec un écart $\Delta x > 0$ et avec un écart $\Delta x < 0$, comme au numéro 1 de la section 3.2.
  Ce serait un enrîchissement.

$\Delta x > 0$

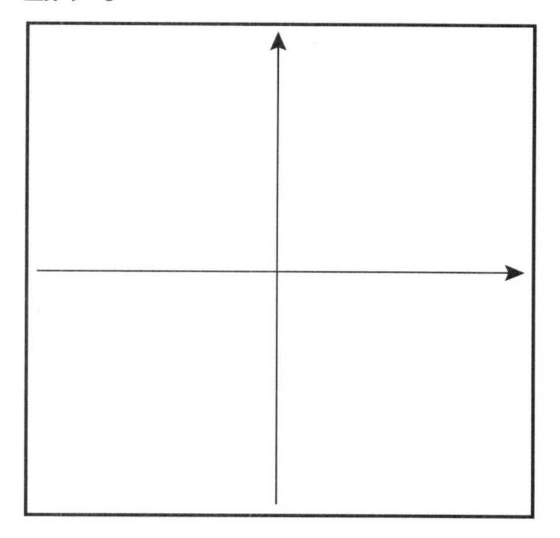

$\Delta x < 0$

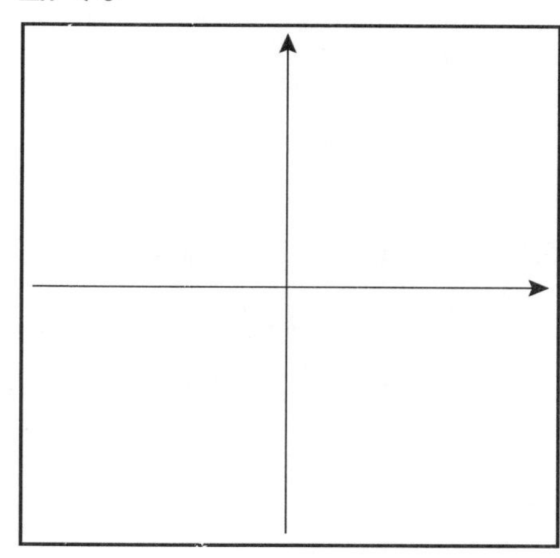

$\lim_{\Delta x \to 0_+} m_{\text{sécante}} =$ ___________

$\lim_{\Delta x \to 0_-} m_{\text{sécante}} =$ ___________

Ainsi, $m_{\text{tg en }(30,\ f_1(30))} = \lim_{\Delta x \to 0} m_{\text{sécante}} =$ ___________

Bloc 5

5.1 En utilisant la technique expliquée à la section 3.1.2 du manuel, esquissez le graphe de la fonction dérivée sur le système d'axes intitulé « allure de la fonction dérivée », tel qu'on vous l'a demandé au numéro 18 de la section 3.2.

5.2 Dérivez algébriquement $f_1(x)$.

Évaluez $f_1'(30)$ ___________

Y a-t-il concordance avec le bloc 5L? ___________

5.3 Trouvez l'équation de la tangente à la courbe de $f_1(x)$ au point d'abscisse $x = 30$.

5.4 Étude algébrique de la croissance de $f_1(x)$.

Domaine de $f_1(x)$: ____________________

Recherche des valeurs critiques de $f_1(x)$:

Tableau de signes de $f_1'(x)$

Signe de $f_1'(x)$	
Croissance de $f_1(x)$	

La dernière ligne du tableau concorde-t-elle avec le graphe de f_1 ? __________

Bloc 6

6.1 Recherche d'un lien graphique entre le graphe de f_1 et celui de sa dérivée.

Examinez le graphe de f_1 :

Peut-on parler de « courbure » pour cette fonction ? ______________________________

Pourquoi ? ____

Examinez la croissance-décroissance de f_1' sur le système d'axes intitulé « Allure de la fonction dérivée » pour les intervalles que vous venez de déterminer :

Peut-on parler de croissance-décroissance pour cette fonction ? ______________________

Pourquoi ? ____.

6.2 Trouvez l'expression algébrique de la dérivée seconde de $f_1(x)$.

6.3 Étude algébrique de la concavité de $f_1(x)$.

Domaine de $f_1(x)$: ____________________

Recherche des valeurs critiques de $f_1'(x)$:

Tableau de signes de $f_1''(x)$

Signe de $f_1''(x)$	
Concavité de $f_1(x)$	

La dernière ligne du tableau concorde-t-elle avec le graphe de f_1 ? __________

Bloc 7

7.1 Étude algébrique complète de $f_1(x)$.

En relisant tous les résultats algébriques que vous avez obtenus dans les blocs précédents, construisez le tableau-synthèse de la fonction.

Signe de $f_1'(x)$	
Signe de $f_1''(x)$	
Graphe de $f_1(x)$	

7.2 Tracez à la main le graphe correspondant au tableau-synthèse obtenu en 7.1.

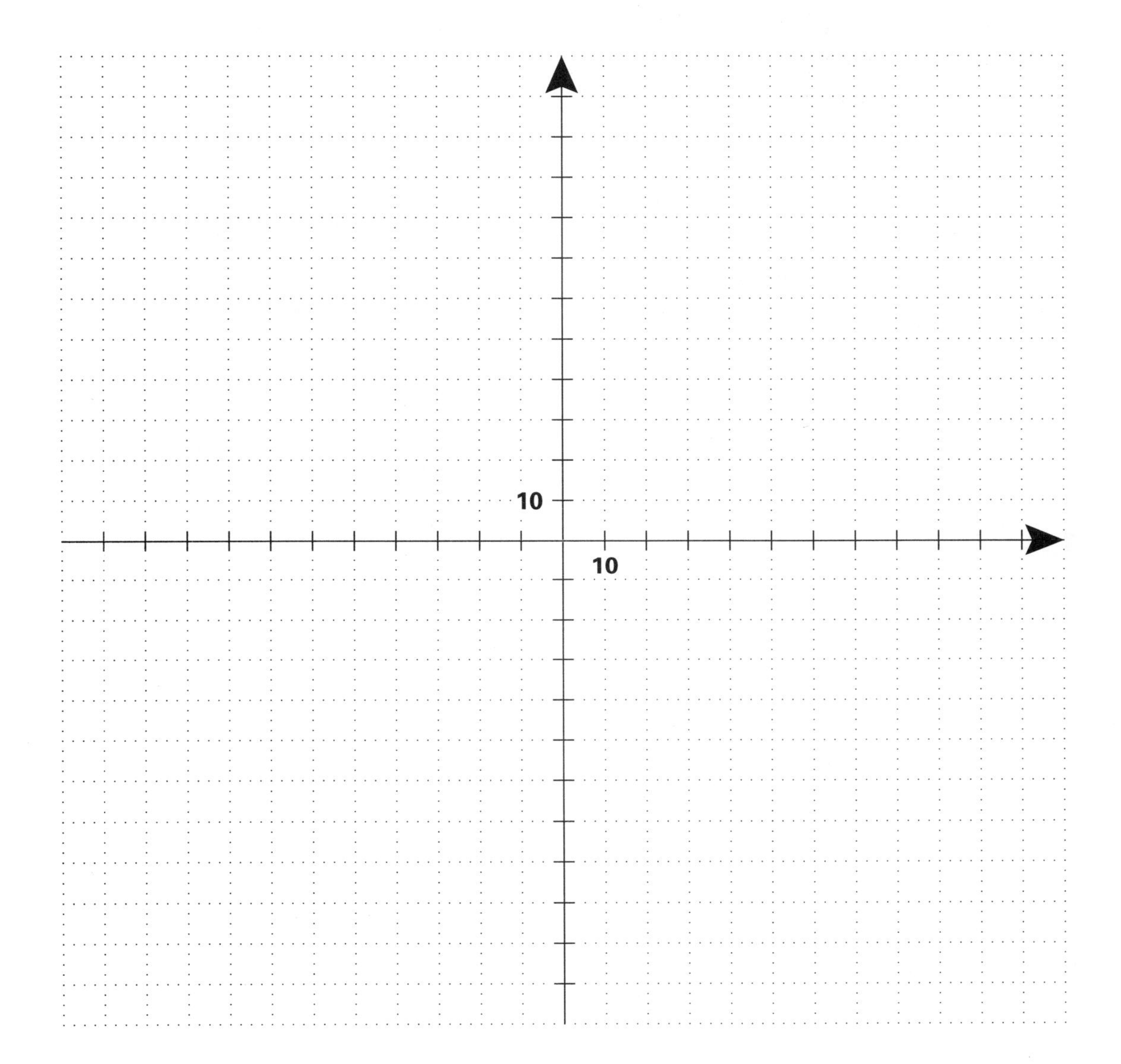

Y a-t-il concordance avec le graphe de f_1 que vous aviez redessiné sur le système d'axes intitulé « Allure du graphe de la fonction » ? __________

Y a-t-il des renseignements que vous avez obtenus algébriquement et que votre première étude graphique ne vous avait pas permis de découvrir ?

____

____

Fonction $f_2(x) = \dfrac{-x^2 + 60x - 500}{4}$

Allure du graphe de la fonction…

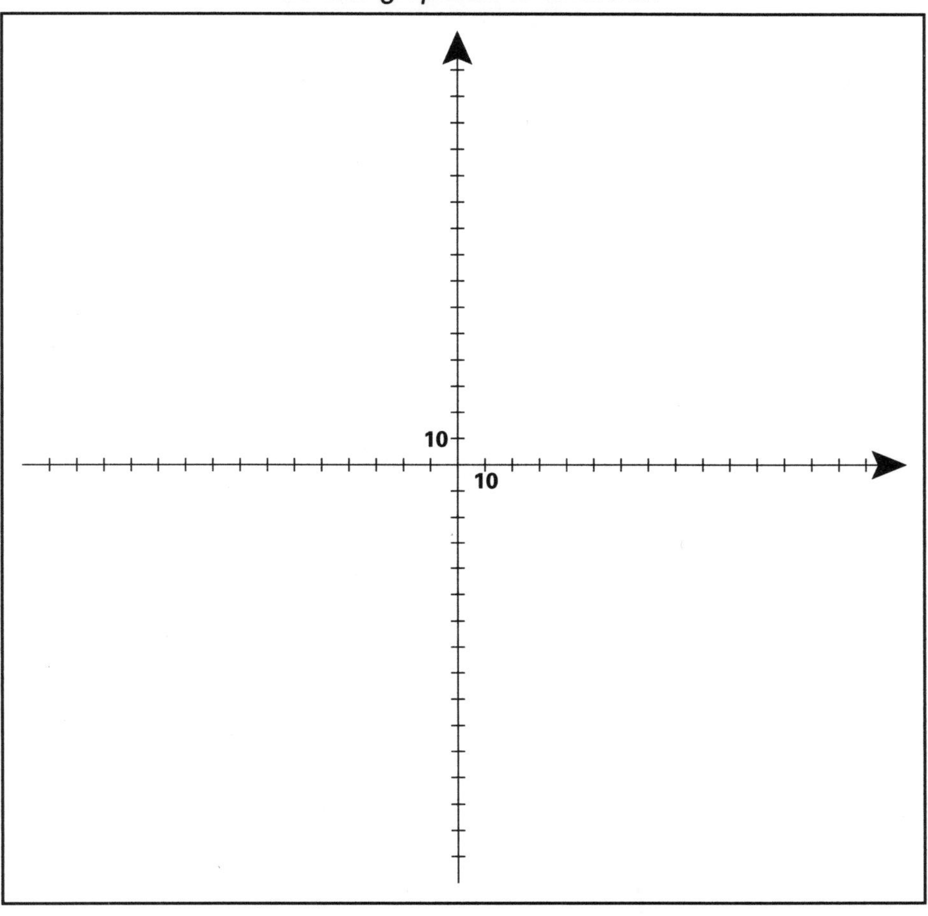

Allure de la fonction dérivée…

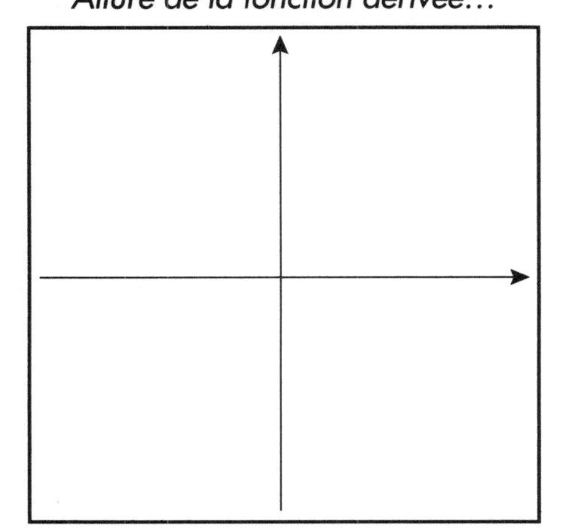

Intersections avec les axes…

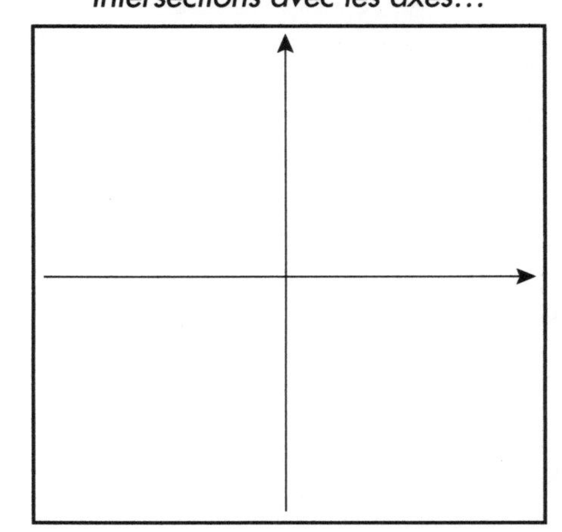

Fonction $f_2(x) = \dfrac{-x^2 + 60x - 500}{4}$

Bloc P

P.1 En logo, quelle ligne d'action décrit l'expression algébrique de cette fonction?

____

____

Bloc 1L

1L.1 Y a-t-il des valeurs réelles pour lesquelles vous n'obtenez pas d'images par f_2?

Si oui, lesquelles? ______________________________

(En laboratoire, ces valeurs sont celles pour lesquelles la procédure COUPLE utilisée avec *F*2 ne retourne pas de résultat.)

1L.2 Domaine de $f_2(x)$ = ____________________

1L.3 Des points intéressants: les intersections avec les axes.

Ordonnée à l'origine: ____________________ ... point correspondant: (______, _____)

Zéro(s) ou racine(s): ____________________ ... point(s) correspondant(s): (______, _____)

(______, _____)

Sommet de la parabole: (______, _____)

1L.4 Placez les points que vous venez de trouver sur le système d'axes intitulé «Intersections avec les axes».

Bloc 2L

2L.1 Quelles sont les particularités du graphe que vous observez à l'écran?

____

____

____

2L.2 Si vous travaillez en laboratoire, redessinez sur le système d'axes intitulé «Allure du graphe de la fonction» ce que vous voyez à l'écran.

2L.3 Les renseignements trouvés au bloc 1L concordent-ils avec le graphe que vous venez d'obtenir ?

___

3L.1 Étude de la fonction autour de $x = 15$.

- Si vous travaillez en laboratoire, les procédures LIMITEG et LIMITED vous ont permis d'étudier numériquement le comportement de la fonction à gauche et à droite de $x = 15$. Voyons ce que vous avez obtenu ...
- Si vous ne travaillez pas en laboratoire, vous avez examiné graphiquement le comportement de la fonction à gauche et à droite de $x = 15$ à l'exercice 7 de la section 2.4. Voyons ce que vous avez obtenu ...

S'il y a lieu, vos résultats numériques et le graphe de la fonction concordent-ils ? ______

Plus x s'approche de 15 par la gauche,
plus $f_2(x)$ s'approche de ______ c.-à-d. $\lim\limits_{x \to 15_-} f_2(x)$ ______

Plus x s'approche de 15 par la droite,
plus $f_2(x)$ s'approche de ______ c.-à-d. $\lim\limits_{x \to 15_+} f_2(x)$ ______

Vous pouvez conclure que $\lim\limits_{x \to 15} f_2(x)$ ______

Bloc 3

3.1 Évaluez algébriquement les limites suivantes :

a) $\lim\limits_{x \to 15} \dfrac{-x^2 + 60x - 500}{4} =$

b) $\lim\limits_{x \to 30} \dfrac{-x^2 + 60x - 500}{4} =$

Y a-t-il concordance entre ces résultats algébriques, le graphe de la fonction et, s'il y a lieu, les calculs numériques de limites du bloc 3L? __________

3.2 Graphiquement, c'est-à-dire en examinant l'allure du graphe de la fonction que vous avez déjà redessiné, trouvez-vous des discontinuités?

Si oui, pour quelles valeurs de x? (Faites des approximations si nécessaire.)________________

3.3 Algébriquement, montrez que f_2 est continue en $x = 12$ en vérifiant une à une les trois conditions de la définition formelle de la continuité en un point, page 187 du manuel.

1º:

2º:

3º:

Conclusion:

4L.1 Étude de la fonction aux extrémités de l'axe des x.

- Si vous travaillez en laboratoire, les procédures LIM'INFINI, LIM'MS'INF vous ont permis d'étudier numériquement le comportement de la fonction lorsque x tend vers $+\infty$ et lorsque x tend vers $-\infty$. Voyons ce que vous avez obtenu ...
- Si vous ne travaillez pas en laboratoire, vous avez examiné graphiquement ces comportements à l'exercice 7 de la section 2.13. Voyons ce que vous avez obtenu ...

S'il y a lieu, vos résultats numériques et le graphe de la fonction concordent-ils? __________

Plus x s'approche de $+\infty$,
plus $f_2(x)$ s'approche de __________________ c.-à-d. $\lim_{x \to +\infty} f_2(x)$ __________________

Plus x s'approche de $-\infty$,
plus $f_2(x)$ s'approche de __________________ c.-à-d. $\lim_{x \to -\infty} f_2(x)$ __________________

Bloc 4

4.1 Évaluez algébriquement les limites suivantes:

a) $\lim_{x \to +\infty} \dfrac{-x^2 + 60x - 500}{4} =$

b) $\lim_{x \to -\infty} \dfrac{-x^2 + 60x - 500}{4} =$

Y a-t-il concordance entre ces résultats algébriques, le graphe de la fonction et les calculs numériques de limites du bloc 4L? ____________

4.2 Recherche algébrique d'asymptotes horizontales.

Il faut évaluer les limites suivantes: ____________________________

Or, vous avez déjà évalué ces limites algébriquement. Vous avez obtenu:

____

Tirez vos conclusions en écrivant, s'il y a lieu, les équations des asymptotes horizontales et en indiquant la (les) région(s) où chacune joue son rôle.

____

Bloc 5L

5L.1

- Si vous travaillez en laboratoire, la procédure SÉCANTES vous a permis de rechercher les droites candidates au poste de tangente à la courbe de f_2 au point d'abscisse $x = 25$ avec un écart $\Delta x > 0$ et avec un écart $\Delta x < 0$. Vous y avez de plus estimé la valeur limite de leur pente. Voyons ce que vous avez obtenu …
- Si vous ne travaillez pas en laboratoire, vous pourriez rechercher graphiquement les droites candidates au poste de tangente à la courbe de f_2 au point d'abscisse $x = 25$ avec un écart $\Delta x > 0$ et avec un écart $\Delta x < 0$, comme au numéro 1 de la section 3.2. Ce serait un enrichissement.

$\Delta x > 0$

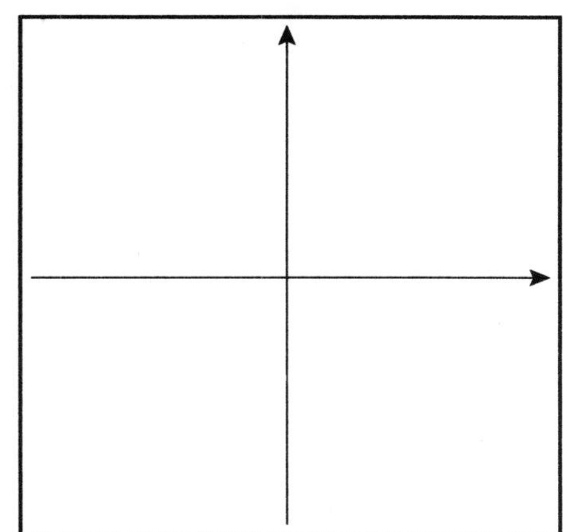

$\lim\limits_{\Delta x \to 0_+} m_{\text{sécante}} =$ __________

$\Delta x < 0$

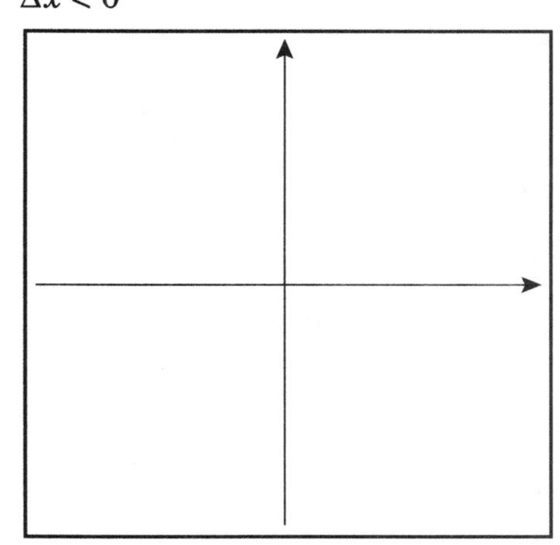

$\lim\limits_{\Delta x \to 0_-} m_{\text{sécante}} =$ __________

Ainsi, $m_{\text{tg en }(25,\ f_2(25))} = \lim\limits_{\Delta x \to 0} m_{\text{sécante}} =$ __________

Bloc 5

5.1 En utilisant la technique expliquée à la section 3.1.2 du manuel, esquissez le graphe de la fonction dérivée sur le système d'axes intitulé «Allure de la fonction dérivée», tel qu'on vous l'a demandé au numéro 18 de la section 3.2.

5.2 Dérivez algébriquement $f_2(x)$.

Évaluez : $f_2'(25)$ ____________________

Y a-t-il concordance avec le bloc 5L ? __________

5.3 Trouvez l'équation de la tangente à la courbe de $f_2(x)$ au point d'abscisse $x = 25$.

5.4 Étude algébrique de la croissance de $f_2(x)$.

Domaine de $f_2(x)$: ____________________

Recherche des valeurs critiques de $f_2(x)$:

Tableau de signes de $f_2'(x)$

Signe de $f_2'(x)$	
Croissance de $f_2(x)$	

La dernière ligne du tableau concorde-t-elle avec le graphe de f_2 ? __________

Fonction $f_2(x) = \dfrac{-x^2 + 60x - 500}{4}$

Bloc 6

6.1 Recherche d'un lien graphique entre le graphe de f_2 et celui de sa dérivée.

Examinez le graphe de f_2 (répondre en termes d'intervalles) :

- $f_2(x)$ semble être courbée vers le bas sur ______________________
- $f_2(x)$ semble être courbée vers le haut sur ______________________

Examinez la croissance-décroissance de f_2' sur le système d'axes intitulé « Allure de la fonction dérivée » pour les intervalles que vous venez de déterminer :

- Lorsque $f_2(x)$ est courbée vers le bas, $f_2'(x)$ est ______________________.
- Lorsque $f_2(x)$ est courbée vers le haut, $f_2'(x)$ est ______________________.

6.2 Trouvez l'expression algébrique de la dérivée seconde de $f_2(x)$.

6.3 Étude algébrique de la concavité de $f_2(x)$.

Domaine de $f_2(x)$: ______________

Recherche des valeurs critiques de $f_2'(x)$:

Tableau de signes de $f_2''(x)$

Signe de $f_2''(x)$	
Concavité de $f_2(x)$	

La dernière ligne du tableau concorde-t-elle avec le graphe de f_2 ? __________

Fonction $f_2(x) = \dfrac{-x^2 + 60x - 500}{4}$

Bloc 7

7.1 Étude algébrique complète de $f_2(x)$.

En relisant les résultats algébriques que vous avez obtenus dans les blocs précédents, construisez le tableau-synthèse de la fonction.

Signe de $f_2'(x)$	
Signe de $f_2''(x)$	
Graphe de $f_2(x)$	

7.2 Tracez à la main le graphe correspondant au tableau-synthèse obtenu en 7.1.

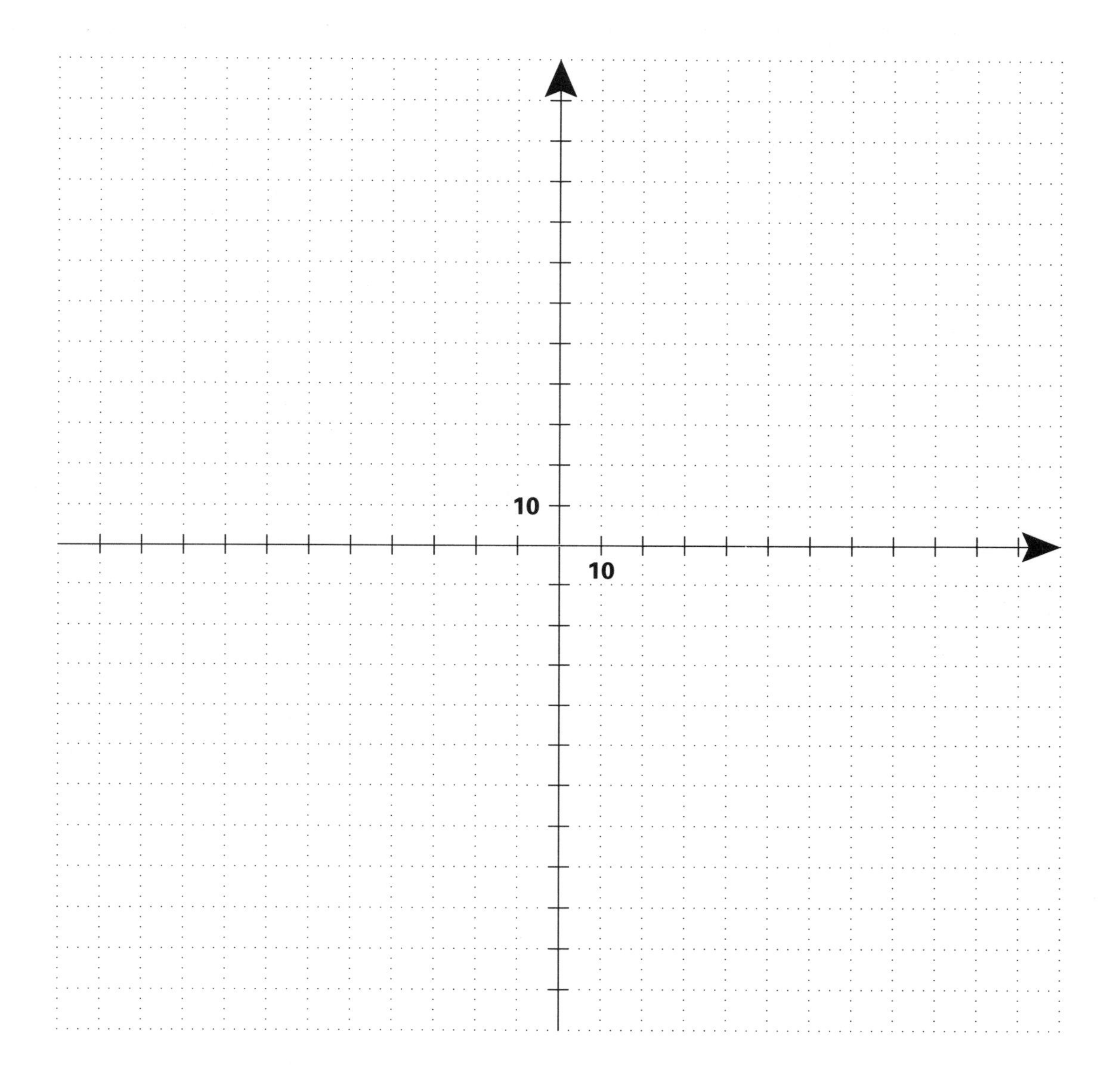

Y a-t-il concordance avec le graphe de f_2 que vous aviez redessiné sur le système d'axes intitulé « Allure du graphe de la fonction » ? __________

Y a-t-il des renseignements que vous avez obtenus algébriquement et que votre première étude graphique ne vous avait pas permis de découvrir ?

____

____

Fonction $f_3(x) = 10\sqrt{x + 49}$

Allure du graphe de la fonction...

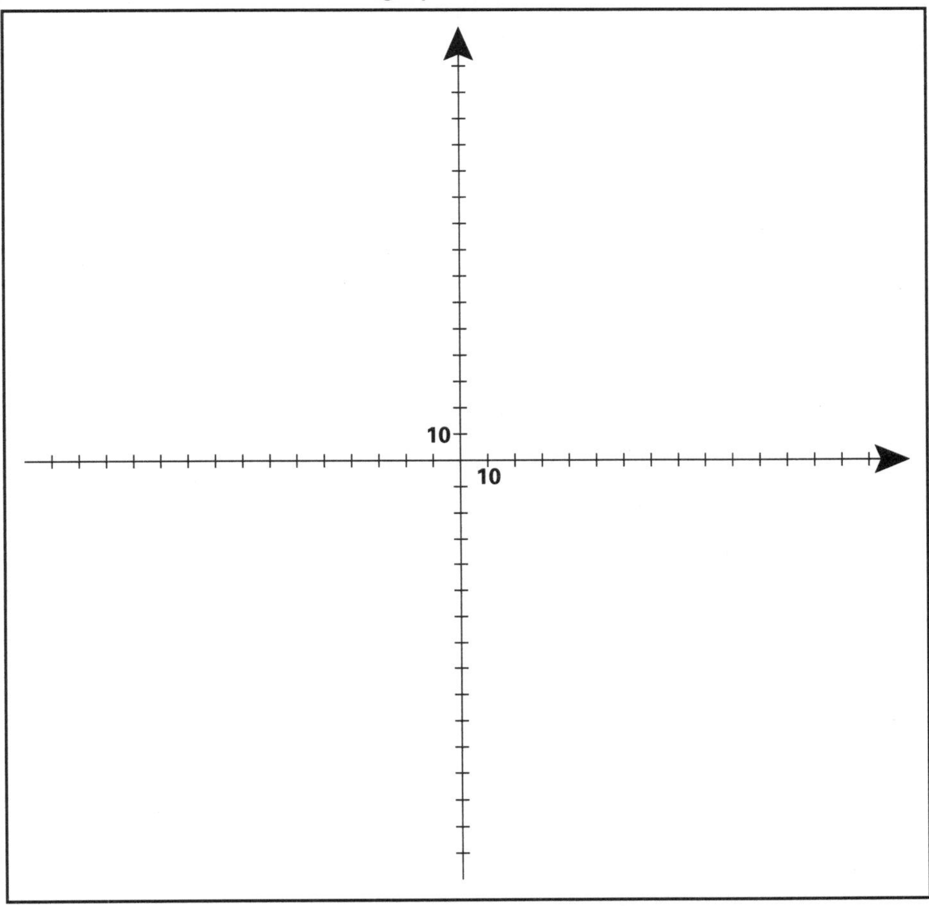

Allure de la fonction dérivée...

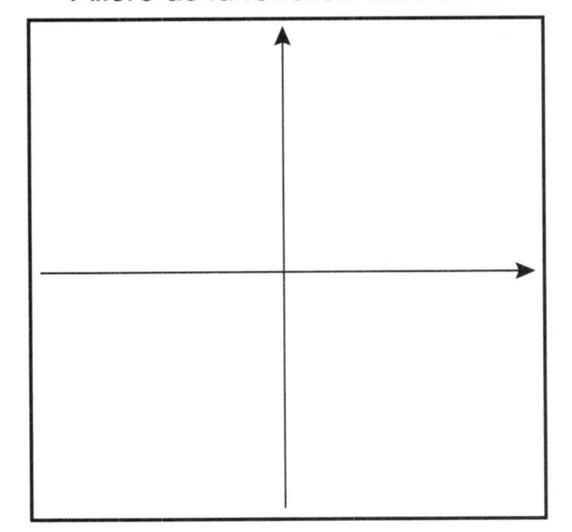

Intersections avec les axes...

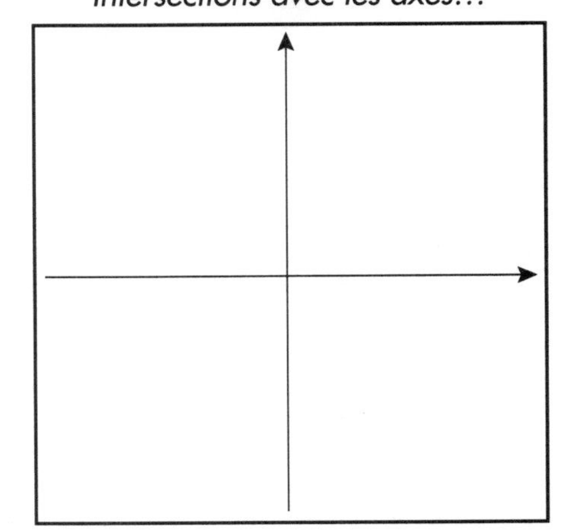

Bloc 1L

1L.1 Y a-t-il des valeurs réelles pour lesquelles vous n'obtenez pas d'images par f_3?

Si oui, lesquelles? ______________________________

(En laboratoire, ces valeurs sont celles pour lesquelles la procédure COUPLE utilisée avec $F3$ ne retourne pas de résultat.)

1L.2 Domaine de $f_3(x)$ = ______________

1L.3 Des points intéressants: les intersections avec les axes.

Ordonnée à l'origine: ______________ ... point correspondant: (______, ______)

Zéro ou racine: ______________ ... point correspondant: (______, ______)

1L.4 Placez les points que vous venez de trouver sur le système d'axes intitulé «Intersections avec les axes».

Bloc 2L

2L.1 Quelles sont les particularités du graphe que vous observez à l'écran?

____

____

____

2L.2 Si vous travaillez en laboratoire, redessinez sur le système d'axes intitulé «Allure du graphe de la fonction» ce que vous voyez à l'écran.

2L.3 Les renseignements trouvés au bloc 1L concordent-ils avec le graphe que vous venez d'obtenir?

____

Bloc 3L

3L.1 Étude de la fonction autour de $x = -49$.

- Si vous travaillez en laboratoire, les procédures LIMITEG et LIMITED vous ont permis d'étudier numériquement le comportement de la fonction à gauche et à droite de $x = -49$. Voyons ce que vous avez obtenu …
- Si vous ne travaillez pas en laboratoire, vous avez examiné numériquement et graphiquement le comportement de la fonction à gauche et à droite de $x = -49$ aux exercices 6 et 7 de la section 2.4. Voyons ce que vous avez obtenu …

Vos résultats numériques et le graphe de la fonction concordent-ils ? __________

Plus x s'approche de -49 par la gauche,
plus $f_3(x)$ s'approche de ____________________ c.-à-d. $\lim_{x \to -49_-} f_3(x)$ ____________________

Plus x s'approche de -49 par la droite,
plus $f_3(x)$ s'approche de ____________________ c.-à-d. $\lim_{x \to -49_+} f_3(x)$ ____________________

Vous pouvez conclure que $\lim_{x \to -49} f_3(x)$ ____________________

3.1 Évaluez algébriquement les limites suivantes :

a) $\lim_{x \to -49} 10\sqrt{x + 49} =$

b) $\lim_{x \to 0} 10\sqrt{x + 49} =$

Y a-t-il concordance entre ces résultats algébriques, le graphe de la fonction et, s'il y a lieu, les calculs numériques de limites du bloc 3L ? __________

3.2 Graphiquement, c'est-à-dire en examinant l'allure du graphe de la fonction que vous avez déjà redessiné, trouvez-vous des discontinuités ?

Si oui, pour quelles valeurs de x ? (Faites des approximations si nécessaire.) ________________

3.3 Algébriquement, montrez que f_3 est continue en $x = 10$ en vérifiant une à une les trois conditions de la définition formelle de la continuité en un point, page 187 du manuel.

1º :

2º :

3º :

Conclusion :

Bloc 4L

4L.1 Étude de la fonction aux extrémités de l'axe des x.

- Si vous travaillez en laboratoire, les procédures LIM'INFINI, LIM'MS'INF vous ont permis d'étudier numériquement le comportement de la fonction lorsque x tend vers $+\infty$ et lorsque x tend vers $-\infty$. Voyons ce que vous avez obtenu …
- Si vous ne travaillez pas en laboratoire, vous avez examiné ces comportements numériquement et graphiquement aux exercices 6 et 7 de la section 2.13. Voyons ce que vous avez obtenu …

Vos résultats numériques et le graphe de la fonction concordent-ils ? __________

Plus x s'approche de $+\infty$,
plus $f_3(x)$ s'approche de ________________ c.-à-d. $\lim_{x \to +\infty} f_3(x)$ ________________

Plus x s'approche de $-\infty$,
plus $f_3(x)$ s'approche de ________________ c.-à-d. $\lim_{x \to -\infty} f_3(x)$ ________________

4.1 Évaluez algébriquement les limites suivantes :

a) $\lim\limits_{x \to +\infty} 10\sqrt{x + 49} =$

b) $\lim\limits_{x \to -\infty} 10\sqrt{x + 49} =$

Y a-t-il concordance entre ces résultats algébriques, le graphe de la fonction et les calculs numériques de limites du bloc 4L? ____________

4.2 Recherche algébrique d'asymptotes horizontales.

Il faut évaluer les limites suivantes : ________________________

Or, vous avez déjà évalué ces limites algébriquement. Vous avez obtenu :

____

Tirez vos conclusions en écrivant, s'il y a lieu, les équations des asymptotes horizontales et en indiquant la (les) région(s) où chacune joue son rôle.

____

5L.1

- Si vous travaillez en laboratoire, la procédure SÉCANTES vous a permis de rechercher les droites candidates au poste de tangente à la courbe de f_3 au point d'abscisse $x = 30$ avec un écart $\Delta x > 0$ et avec un écart $\Delta x < 0$. Vous y avez de plus estimé la valeur limite de leur pente. Voyons ce que vous avez obtenu...
- Si vous ne travaillez pas en laboratoire, vous avez recherché graphiquement les droites candidates au poste de tangente à la courbe de f_3 au point d'abscisse $x = 0$ avec un écart $\Delta x > 0$ et avec un écart $\Delta x < 0$ au numéro 1 de la section 3.2. Faute de temps, nous ne vous avons pas demandé d'estimer la pente de ces droites. Voyons ce que vous avez obtenu...

$\Delta x > 0$

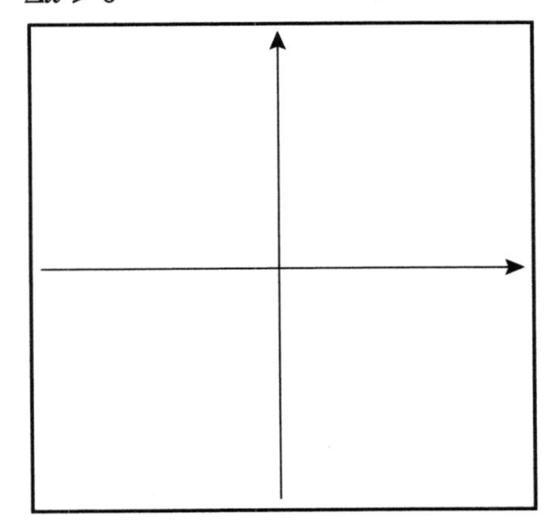

$\Delta x < 0$

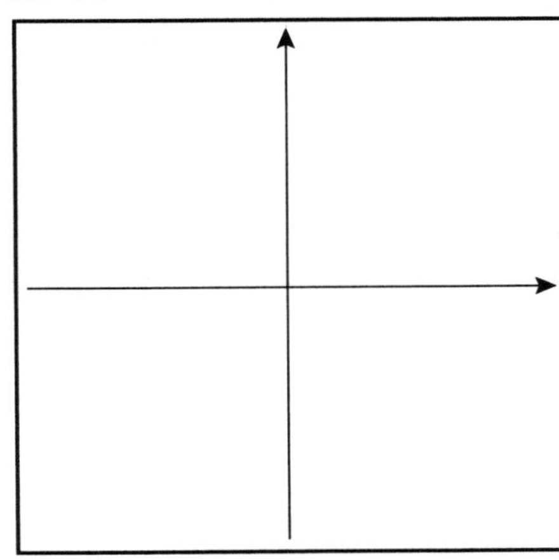

$\lim\limits_{\Delta x \to 0_+} m_{\text{sécante}} =$ __________

$\lim\limits_{\Delta x \to 0_-} m_{\text{sécante}} =$ __________

Ainsi, $m_{\text{tg en }(0,\ f_3(0))} = \lim\limits_{\Delta x \to 0} m_{\text{sécante}} =$ __________

Bloc 5

5.1 En utilisant la technique expliquée à la section 3.1.2 du manuel, esquissez le graphe de la fonction dérivée sur le système d'axes intitulé « Allure de la fonction dérivée », tel qu'on vous l'a demandé au numéro 18 de la section 3.2.

5.2 Dérivez algébriquement $f_3(x)$.

Évaluez $f_3'(30)$ __________

Y a-t-il concordance avec le bloc 5L? __________

5.3 Trouvez l'équation de la normale à la courbe de $f_3(x)$ au point d'abscisse $x = 0$, la normale en un point étant la droite perpendiculaire à la tangente en ce point.

5.4 Étude algébrique de la croissance de $f_3(x)$.

Domaine de $f_3(x)$: ____________________

Recherche des valeurs critiques de $f_3(x)$:

Tableau de signes de $f_3'(x)$

Signe de $f_3'(x)$	
Croissance de $f_3(x)$	

La dernière ligne du tableau concorde-t-elle avec le graphe de f_3 ? __________

Bloc 6

6.1 Recherche d'un lien graphique entre le graphe de f_1 et celui de sa dérivée.

Examinez le graphe de f_3 (répondre en termes d'intervalles) :

- $f_3(x)$ semble être courbée vers le bas sur ____________________
- $f_3(x)$ semble être courbée vers le haut sur ____________________

Examinez la croissance-décroissance de f_3' sur le système d'axes intitulé « Allure de la fonction dérivée » pour les intervalles que vous venez de déterminer :

- Lorsque $f_3(x)$ est courbée vers le bas, $f_3'(x)$ est ________________________.
- Lorsque $f_3(x)$ est courbée vers le haut, $f_3'(x)$ est ________________________.

6.2 Trouvez l'expression algébrique de la dérivée seconde de $f_3(x)$.

6.3 Étude algébrique de la concavité de $f_3(x)$.

Domaine de $f_3(x)$: ________________

Recherche des valeurs critiques de $f_3'(x)$:

Tableau de signes de $f_3''(x)$

Signe de $f_3''(x)$	
Concavité de $f_3(x)$	

La dernière ligne du tableau concorde-t-elle avec le graphe de f_3 ? ________

7.1 Étude algébrique complète de $f_3(x)$.

En relisant les résultats algébriques que vous avez obtenus dans les blocs précédents, construisez le tableau-synthèse de la fonction.

Signe de $f_3'(x)$	
Signe de $f_3''(x)$	
Graphe de $f_3(x)$	

Fonction $f_3(x) = 10\sqrt{x + 49}$

7.2 Tracez à la main le graphe correspondant au tableau-synthèse obtenu en 7.1.

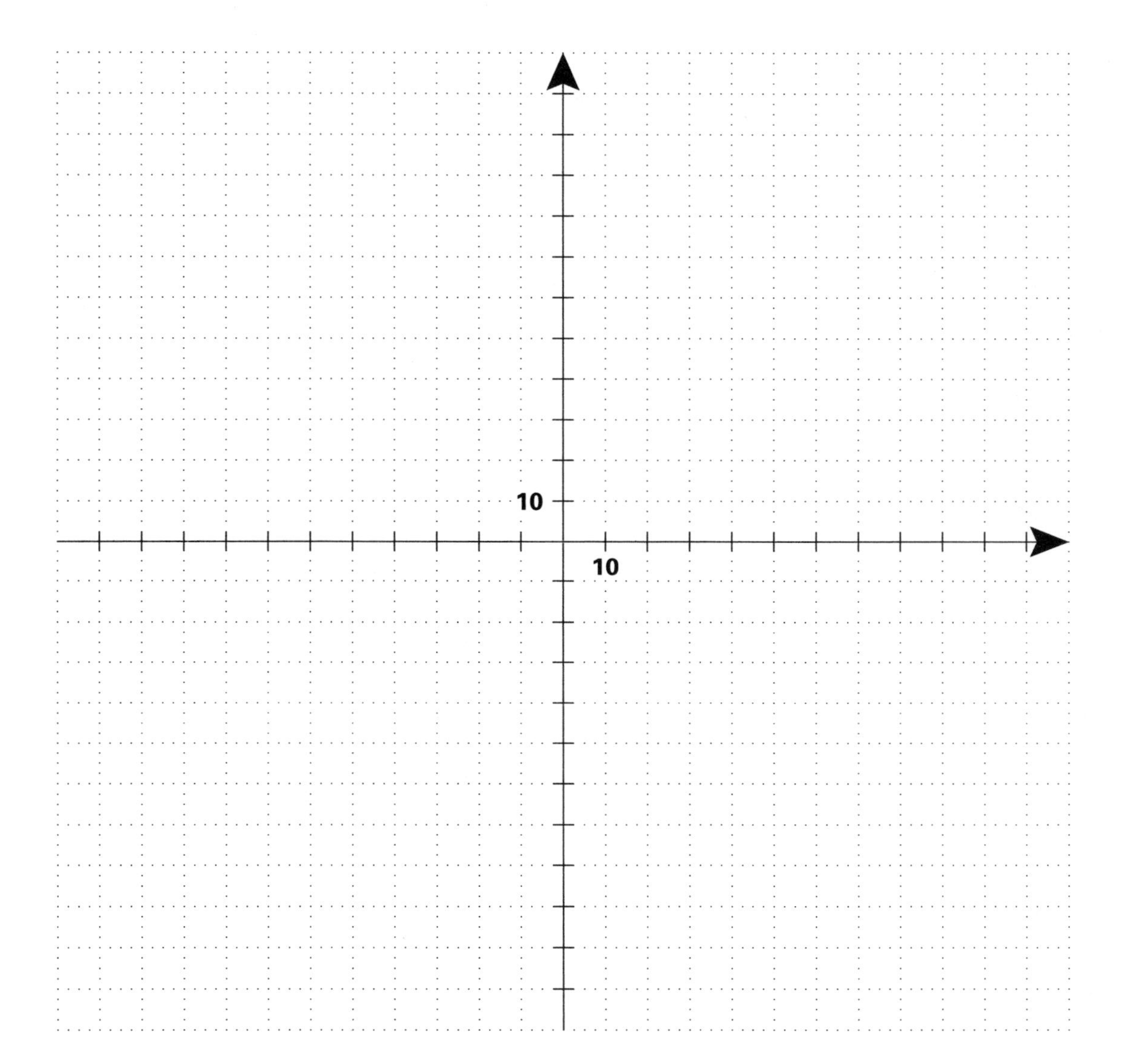

Y a-t-il concordance avec le graphe de f_3 que vous aviez redessiné sur le système d'axes intitulé « Allure du graphe de la fonction » ? __________

Y a-t-il des renseignements que vous avez obtenus algébriquement et que votre première étude graphique ne vous avait pas permis de découvrir ?

____

____

Fonction $f_4(x) = \dfrac{50x}{x - 20} + 15$

Allure du graphe de la fonction…

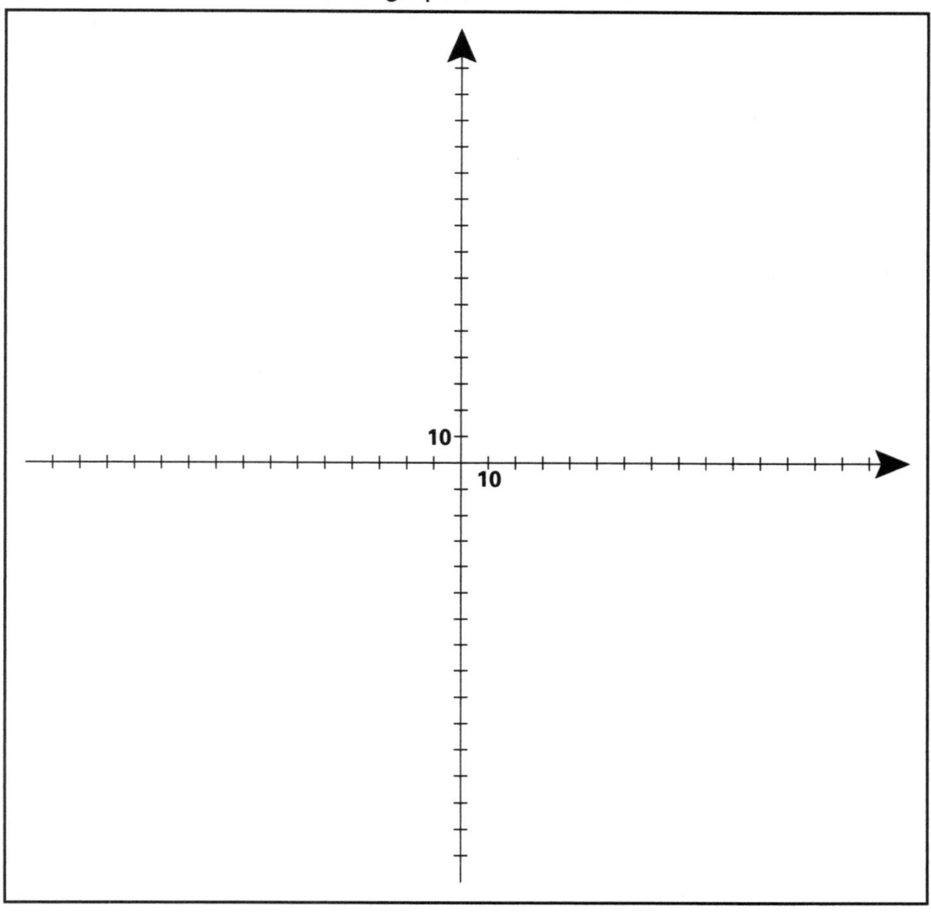

Allure de la fonction dérivée…

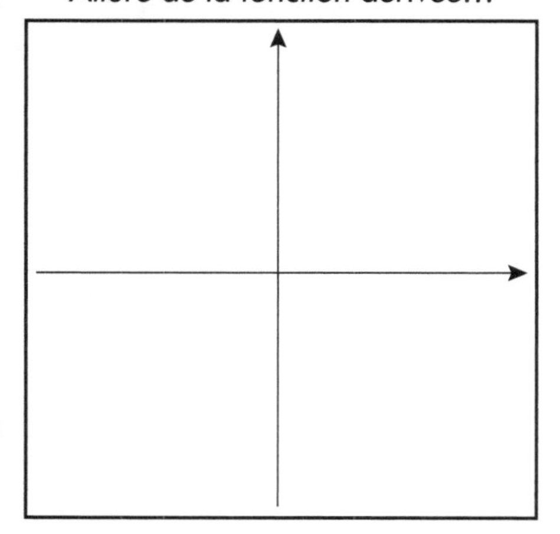

Intersections avec les axes…

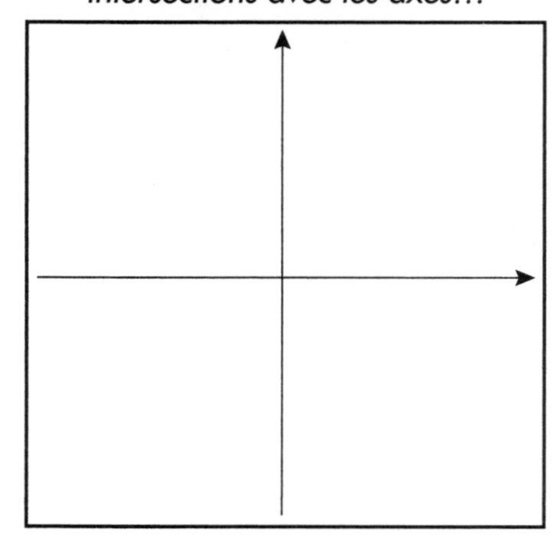

Fonction $f_4(x) = \dfrac{50x}{x - 20} + 15$

Bloc 1L

1L.1 Y a-t-il des valeurs réelles pour lesquelles vous n'obtenez pas d'images par f_4?

Si oui, lesquelles? ______________________________

(En laboratoire, ces valeurs sont celles pour lesquelles la procédure COUPLE utilisée avec *F*4 ne retourne pas de résultat.)

1L.2 Domaine de $f_4(x)$ = ______________

1L.3 Des points intéressants: les intersections avec les axes.

Ordonnée à l'origine: ______________ ... point correspondant: (______, ______)

Zéro ou racine: ______________ ... point correspondant: (______, ______)

1L.4 Placez les points que vous venez de trouver sur le système d'axes intitulé «Intersections avec les axes».

Bloc 2L

2L.1 Quelles sont les particularités du graphe que vous observez à l'écran?

____

____

____

2L.2 Si vous travaillez en laboratoire, redessinez sur le système d'axes intitulé «Allure du graphe de la fonction» ce que vous voyez à l'écran.

2L.3 Les renseignements trouvés au bloc 1L concordent-ils avec le graphe que vous venez d'obtenir?

____

Bloc 3L

3L.1 Étude de la fonction autour de $x = 20$.

- Si vous travaillez en laboratoire, les procédures LIMITEG et LIMITED vous ont permis d'étudier numériquement le comportement de la fonction à gauche et à droite de $x = 20$. Voyons ce que vous avez obtenu ...
- Si vous ne travaillez pas en laboratoire, vous avez examiné graphiquement le comportement de la fonction à gauche et à droite de $x = 20$ à l'exercice 7 de la section 2.4. Voyons ce que vous avez obtenu ...

S'il y a lieu, vos résultats numériques et le graphe de la fonction concordent-ils? ___________

Plus x s'approche de 20 par la gauche,
plus $f_4(x)$ s'approche de ___________________ c.-à-d. $\lim_{x \to 20_-} f_4(x)$ ___________________

Plus x s'approche de 20 par la droite,
plus $f_4(x)$ s'approche de ___________________ c.-à-d. $\lim_{x \to 20_+} f_4(x)$ ___________________

Vous pouvez conclure que $\lim_{x \to 20} f_4(x)$ ___________________

3.1 Évaluez algébriquement les limites suivantes:

a) $\lim_{x \to 20} \left(\dfrac{50x}{x - 20} + 15 \right) =$

b) $\lim_{x \to -10} \left(\dfrac{50x}{x - 20} + 15 \right) =$

Y a-t-il concordance entre ces résultats algébriques, le graphe de la fonction et, s'il y a lieu, les calculs numériques de limites du bloc 3L? __________

3.2 Graphiquement, c'est-à-dire en examinant l'allure du graphe de la fonction que vous avez déjà redessiné, trouvez-vous des discontinuités?

Si oui, pour quelles valeurs de x? (Faites des approximations si nécessaire.)________________

3.3 Recherche algébrique des discontinuités.

Candidats au poste de discontinuité: ____________________

« Élection » pour chacun des candidats:
Vérifiez, si nécessaire, les trois conditions de la définition de la continuité en un point, page 187 du manuel. Si certaines limites algébriques utiles à l'élection ont déjà été évaluées, rapportez ici vos résultats. Sinon, évaluez-les...

Pour __________:

Conclusion: ____

3.4 Recherche algébrique d'asymptotes verticales.

Candidats au poste d'asymptotes verticales: ____________________

« Élection » pour chacun des candidats:
Si vous avez déjà évalué certaines limites algébriques utiles à l'élection, rapportez ici vos résultats. Sinon, il faudra faire l'évaluation algébrique nécessaire...

Pour __________:

Tirez vos conclusions et écrivez les équations des asymptotes verticales s'il y a lieu:

____

Si vous avez trouvé des asymptotes verticales, dessinez-les en pointillé sur le système d'axes intitulé « Allure du graphe de la fonction ».

4L.1 Étude de la fonction aux extrémités de l'axe des x.

- Si vous travaillez en laboratoire, les procédures LIM'INFINI, LIM'MS'INF vous ont permis d'étudier numériquement le comportement de la fonction lorsque x tend vers $+\infty$ et lorsque x tend vers $-\infty$. Voyons ce que vous avez obtenu …
- Si vous ne travaillez pas en laboratoire, vous avez examiné numériquement et graphiquement ces comportements aux exercices 6 et 7 de la section 2.13. Voyons ce que vous avez obtenu …

Vos résultats numériques et le graphe de la fonction concordent-ils? __________

Plus x s'approche de $+\infty$,
plus $f_4(x)$ s'approche de ____________________ c.-à-d. $\lim\limits_{x\to+\infty} f_4(x)$ ____________________

Plus x s'approche de $-\infty$,
plus $f_4(x)$ s'approche de ____________________ c.-à-d. $\lim\limits_{x\to-\infty} f_4(x)$ ____________________

Bloc 4

4.1 Évaluez algébriquement les limites suivantes.

a) $\lim\limits_{x\to+\infty}\left(\dfrac{50x}{x-20} + 15\right) =$

b) $\lim\limits_{x \to -\infty} \left(\dfrac{50x}{x-20} + 15 \right) =$

Y a-t-il concordance entre ces résultats algébriques, le graphe de la fonction et les calculs numériques de limites du bloc 4L? ______________

4.2 Recherche algébrique d'asymptotes horizontales.

Il faut évaluer les limites suivantes: ____________________________

Or, vous avez déjà évalué ces limites algébriquement. Vous avez obtenu:

____

Tirez vos conclusions en écrivant, s'il y a lieu, les équations des asymptotes horizontales et en indiquant la (les) région(s) où chacune joue son rôle.

____

Si vous avez trouvé des asymptotes horizontales, dessinez-les en pointillé sur le système d'axes intitulé «Allure du graphe de la fonction».

5L.1

- Si vous travaillez en laboratoire, la procédure SÉCANTES vous a permis de rechercher les droites candidates au poste de tangente à la courbe de f_4 au point d'abscisse $x = 50$ avec un écart $\Delta x > 0$ et avec un écart $\Delta x < 0$. Vous y avez de plus estimé la valeur limite de leur pente. Voyons ce que vous avez obtenu...

- Si vous ne travaillez pas en laboratoire, vous avez recherché graphiquement les droites candidates au poste de tangente à la courbe de f_4 au point d'abscisse $x = 50$ avec un écart $\Delta x > 0$ et avec un écart $\Delta x < 0$ au numéro 1 de la section 3.2. Faute de temps, nous ne vous avons pas demandé d'estimer la pente de ces droites. Voyons ce que vous avez obtenu...

$\Delta x > 0$

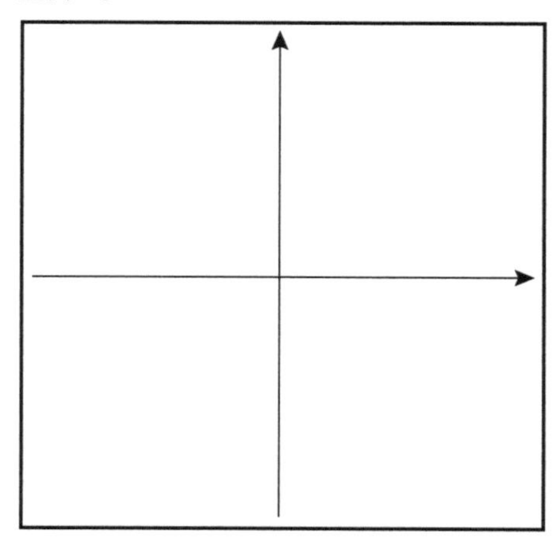

$\Delta x < 0$

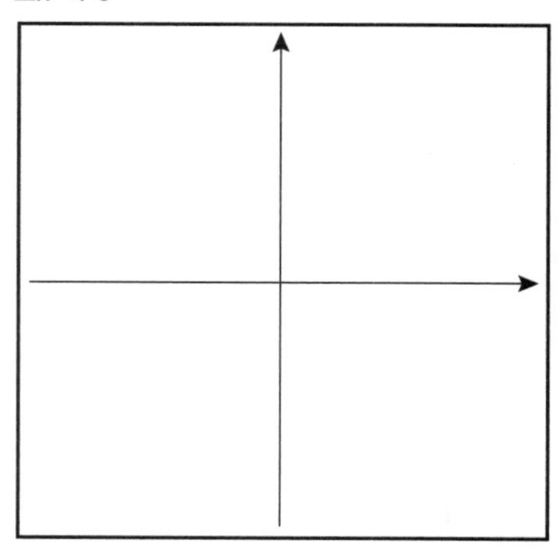

$\lim\limits_{\Delta x \to 0_+} m_{\text{sécante}} =$ __________

$\lim\limits_{\Delta x \to 0_-} m_{\text{sécante}} =$ __________

Ainsi, $m_{\text{tg en }(50,\ f_4(50))} = \lim\limits_{\Delta x \to 0} m_{\text{sécante}} =$ __________

Bloc 5

5.1 En utilisant la technique expliquée à la section 3.1.2 du manuel, esquissez le graphe de la fonction dérivée sur le système d'axes intitulé « Allure de la fonction dérivée », tel qu'on vous l'a demandé au numéro 18 de la section 3.2.

5.2 Dérivez algébriquement $f_4(x)$.

Évaluez $f_4'(50)$ __________

Y a-t-il concordance avec le bloc 5L? __________

5.3 Trouvez l'équation de la normale à la courbe de $f_4(x)$ au point d'abscisse $x = 50$.

5.4 Étude algébrique de la croissance de $f_4(x)$.

Domaine de $f_4(x)$: ____________________

Recherche des valeurs critiques de $f_4(x)$:

Tableau de signes de $f_4'(x)$

Signe de $f_4'(x)$	
Croissance de $f_4(x)$	

La dernière ligne du tableau concorde-t-elle avec le graphe de f_4 ? __________

6.1 Recherche d'un lien graphique entre le graphe de f_4 et celui de sa dérivée.

Examinez le graphe de f_4 (répondre en termes d'intervalles) :

- $f_4(x)$ semble être courbée vers le bas sur ____________________
- $f_4(x)$ semble être courbée vers le haut sur ____________________

Examinez la croissance-décroissance de f_4' sur le système d'axes intitulé « Allure de la fonction dérivée » pour les intervalles que vous venez de déterminer :

- Lorsque $f_4(x)$ est courbée vers le bas, $f_4'(x)$ est ______________________.
- Lorsque $f_4(x)$ est courbée vers le haut, $f_4'(x)$ est ______________________.

6.2 Trouvez l'expression algébrique de la dérivée seconde de $f_4(x)$.

6.3 Étude algébrique de la concavité de $f_4(x)$.

Domaine de $f_4(x)$: ______________

Recherche des valeurs critiques de $f_4'(x)$:

Tableau de signes de $f_4''(x)$

Signe de $f_4''(x)$	
Concavité de $f_4(x)$	

La dernière ligne du tableau concorde-t-elle avec le graphe de f_4? ________

7.1 Étude algébrique complète de $f_4(x)$.

En relisant les résultats algébriques que vous avez obtenus dans les blocs précédents, construisez le tableau-synthèse de la fonction.

Signe de $f_4'(x)$	
Signe de $f_4''(x)$	
Graphe de $f_4(x)$	

7.2 Tracez à la main le graphe correspondant au tableau-synthèse obtenu en 7.1.

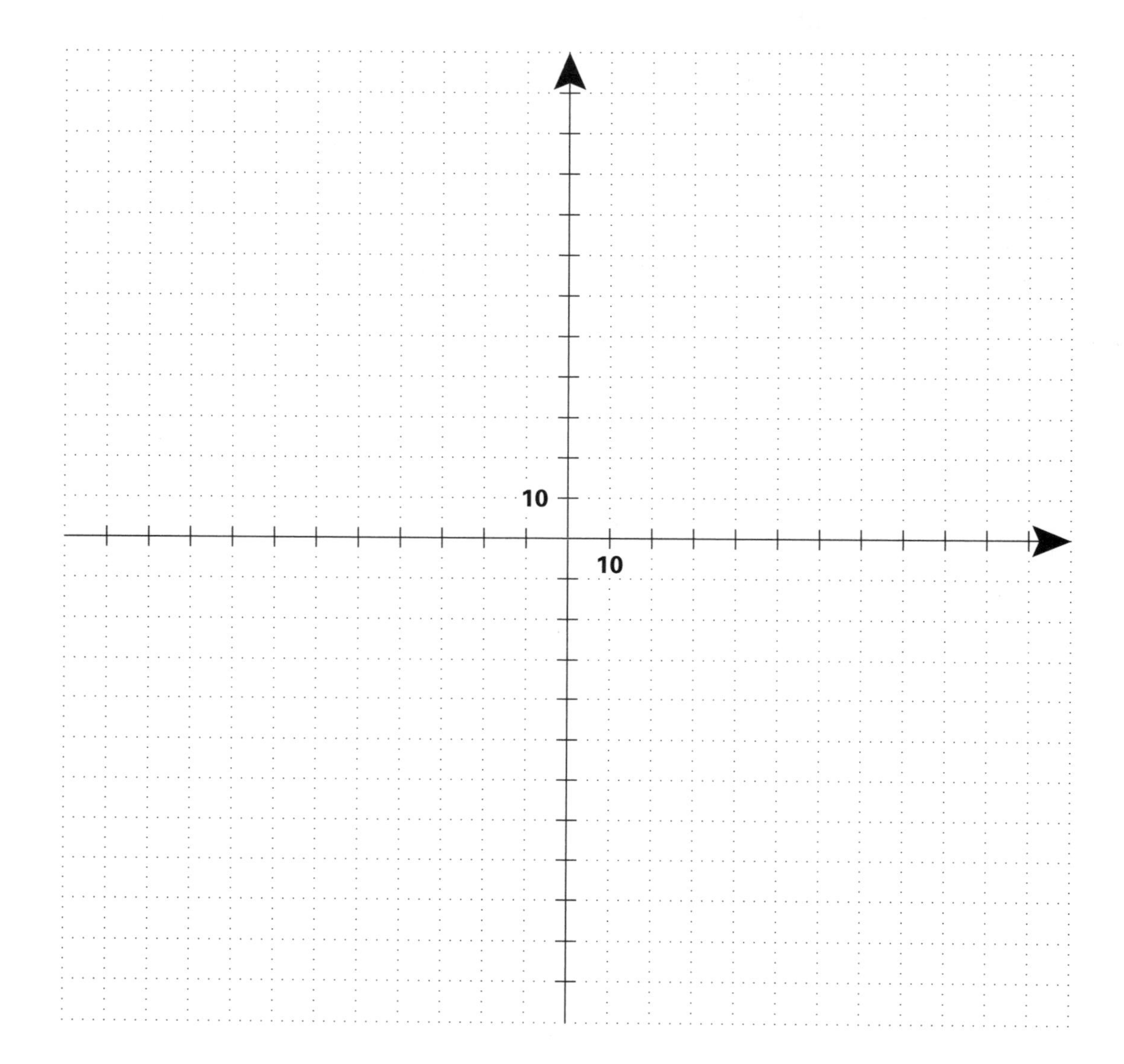

Y a-t-il concordance avec le graphe de f_4 que vous aviez redessiné sur le système d'axes intitulé « Allure du graphe de la fonction » ? __________

Y a-t-il des renseignements que vous avez obtenus algébriquement et que votre première étude graphique ne vous avait pas permis de découvrir ?

____

____

Fonction $f_5(x) = \dfrac{1000x}{x^2 - 100}$

Allure du graphe de la fonction…

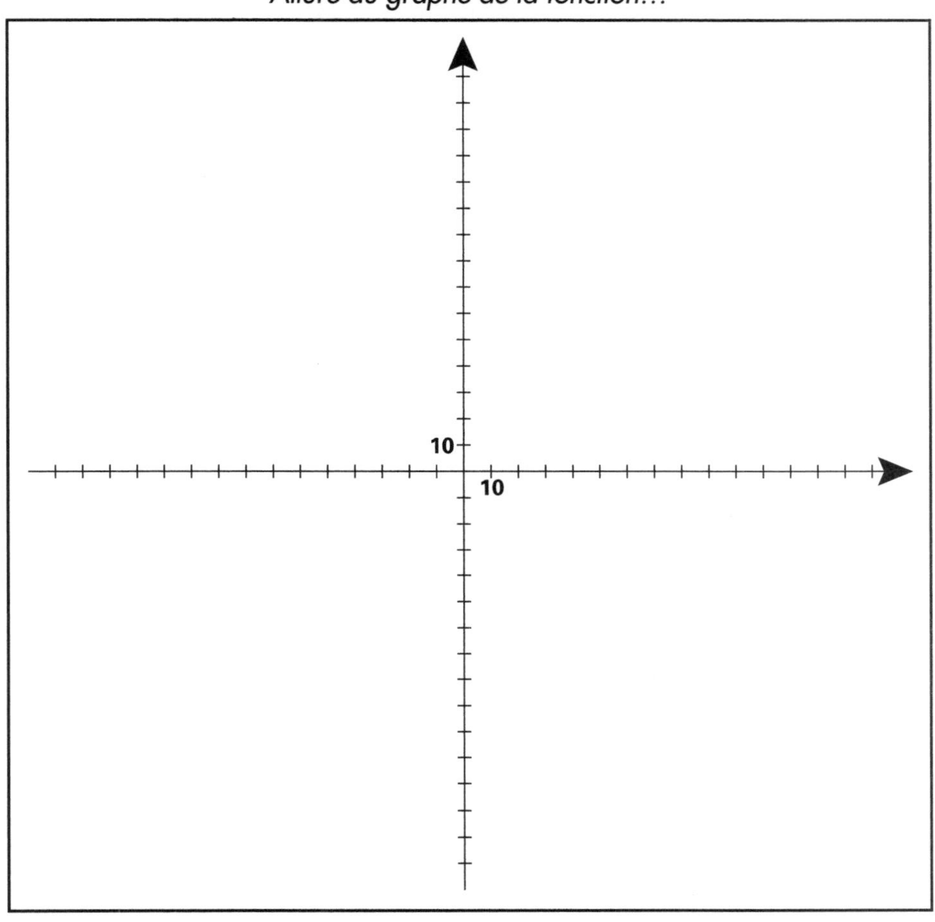

Allure de la fonction dérivée…

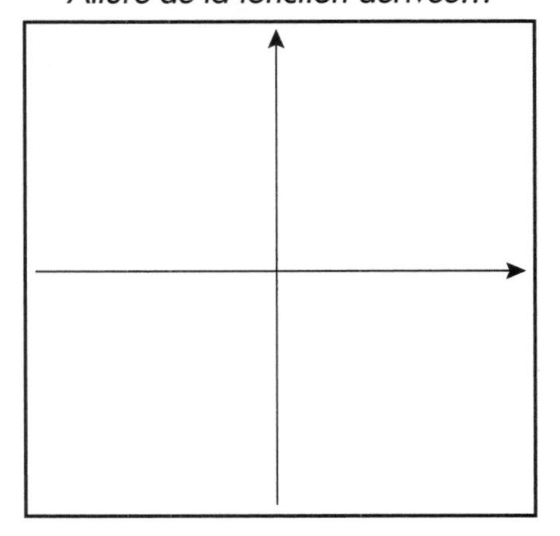

Intersections avec les axes…

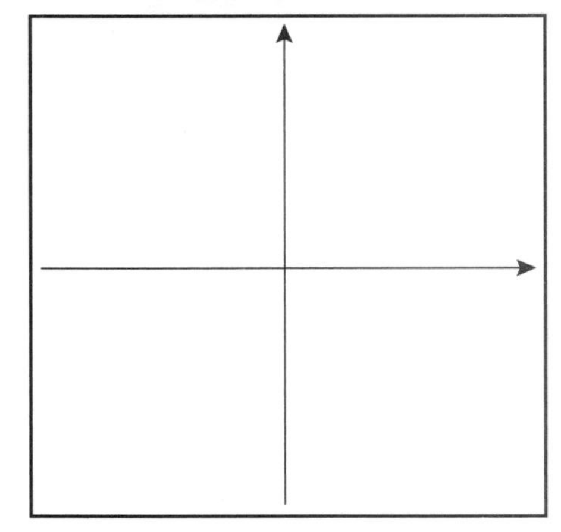

Bloc 1L

1L.1 Y a-t-il des valeurs réelles pour lesquelles vous n'obtenez pas d'images par f_5?

Si oui, lesquelles? ____________________
(En laboratoire, ces valeurs sont celles pour lesquelles la procédure COUPLE utilisée avec $F5$ ne retourne pas de résultat.)

1L.2 Domaine de $f_5(x)$ = ____________

1L.3 Des points intéressants : les intersections avec les axes.

Ordonnée à l'origine : ____________ ... point correspondant : (______, ______)

Zéro ou racine : ____________ ... point correspondant : (______, ______)

1L.4 Placez les points que vous venez de trouver sur le système d'axes intitulé « Intersections avec les axes ».

Bloc 2L

2L.1 Quelles sont les particularités du graphe que vous observez à l'écran?

____

____

____

2L.2 Si vous travaillez en laboratoire, redessinez sur le système d'axes intitulé « Allure du graphe de la fonction » ce que vous voyez à l'écran.

2L.3 Les renseignements trouvés au bloc 1L concordent-ils avec le graphe que vous venez d'obtenir?

____

Bloc 3L

3L.1 Étude de la fonction autour de $x = -10$.

- Si vous travaillez en laboratoire, les procédures LIMITEG et LIMITED vous ont permis d'étudier numériquement le comportement de la fonction à gauche et à droite de $x = -10$. Voyons ce que vous avez obtenu …
- Si vous ne travaillez pas en laboratoire, vous avez examiné graphiquement le comportement de la fonction à gauche et à droite de $x = -10$ à l'exercice 7 de la section 2.4. Voyons ce que vous avez obtenu …

S'il y a lieu, vos résultats numériques et le graphe de la fonction concordent-ils? ___________

Plus x s'approche de –10 par la gauche,
plus $f_5(x)$ s'approche de ____________________ c.-à-d. $\lim\limits_{x \to -10_-} f_5(x)$ ____________________

Plus x s'approche de –10 par la droite,
plus $f_5(x)$ s'approche de ____________________ c.-à-d. $\lim\limits_{x \to -10_+} f_5(x)$ ____________________

Vous pouvez conclure que $\lim\limits_{x \to -10} f_5(x)$ ____________________

3.1 Évaluez algébriquement les limites suivantes:

a) $\lim\limits_{x \to -10} \dfrac{1000x}{x^2 - 100} =$

b) $\lim\limits_{x \to 10} \dfrac{1000x}{x^2 - 100} =$

Y a-t-il concordance entre ces résultats algébriques, le graphe de la fonction et, s'il y a lieu, les calculs numériques de limites du bloc 3L? ____________________

3.2 Graphiquement, c'est-à-dire en examinant l'allure du graphe de la fonction que vous avez déjà redessiné, trouvez-vous des discontinuités?

Si oui, pour quelles valeurs de x? (Faites des approximations si nécessaire.) ______________

3.3 Recherche algébrique des discontinuités.

Candidats au poste de discontinuité: ____________________

«Élection» pour chacun des candidats:
Vérifiez, si nécessaire, les trois conditions de la définition de la continuité en un point, page 187 du manuel. Si certaines limites algébriques utiles à l'élection ont déjà été évaluées, rapportez ici vos résultats. Sinon, évaluez-les...

Pour __________:

Pour __________:

Conclusion: ____

3.4 Recherche algébrique d'asymptotes verticales.

Candidats au poste d'asymptotes verticales: ____________________

«Élection» pour chacun des candidats:
Si vous avez déjà évalué certaines limites algébriques utiles à l'élection, rapportez vos résultats. Sinon, il faudra faire l'évaluation algébrique nécessaire...

Pour __________:

Pour __________:

Tirez vos conclusions et écrivez les équations des asymptotes verticales s'il y a lieu:

____

Si vous avez trouvé des asymptotes verticales, dessinez-les en pointillé sur le système d'axes intitulé «Allure du graphe de la fonction».

4L.1 Étude de la fonction aux extrémités de l'axe des x.

- Si vous travaillez en laboratoire, les procédures LIM'INFINI, LIM'MS'INF vous ont permis d'étudier numériquement le comportement de la fonction lorsque x tend vers $+\infty$ et lorsque x tend vers $-\infty$. Voyons ce que vous avez obtenu …
- Si vous ne travaillez pas en laboratoire, vous avez examiné graphiquement ces comportements à l'exercice 7 de la section 2.13. Voyons ce que vous avez obtenu …

S'il y a lieu, vos résultats numériques et le graphe de la fonction concordent-ils? ___________

Plus x s'approche de $+\infty$,
plus $f_5(x)$ s'approche de ____________________ c.-à-d. $\lim\limits_{x \to +\infty} f_5(x)$ ____________________

Plus x s'approche de $-\infty$,
plus $f_5(x)$ s'approche de ____________________ c.-à-d. $\lim\limits_{x \to -\infty} f_5(x)$ ____________________

4.1 Évaluez algébriquement les limites suivantes :

a) $\lim\limits_{x \to +\infty} \dfrac{1000x}{x^2 - 100} =$

b) $\lim\limits_{x \to -\infty} \dfrac{1000x}{x^2 - 100} =$

Y a-t-il concordance entre ces résultats algébriques, le graphe de la fonction et les calculs numériques de limites du bloc 4L? ____________

4.2 Recherche algébrique d'asymptotes horizontales.

Il faut évaluer les limites suivantes: ________________________

Or, vous avez déjà évalué ces limites algébriquement. Vous avez obtenu:

____

Tirez vos conclusions en écrivant, s'il y a lieu, les équations des asymptotes horizontales et en indiquant la (les) région(s) où chacune joue son rôle.

____

Si vous avez trouvé des asymptotes horizontales, dessinez-les en pointillé sur le système d'axes intitulé «Allure du graphe de la fonction».

Bloc 5L

5L.1

- Si vous travaillez en laboratoire, la procédure SÉCANTES vous a permis de rechercher les droites candidates au poste de tangente à la courbe de f_5 au point d'abscisse $x = 30$ avec un écart $\Delta x > 0$ et avec un écart $\Delta x < 0$. Vous y avez de plus estimé la valeur limite de leur pente. Voyons ce que vous avez obtenu …
- Si vous ne travaillez pas en laboratoire, vous pourriez rechercher graphiquement les droites candidates au poste de tangente à la courbe de f_5 au point d'abscisse $x = 30$ avec un écart $\Delta x > 0$ et avec un écart $\Delta x < 0$, comme au numéro 1 de la section 3.2. Ce serait un enrichissement.

$\Delta x > 0$

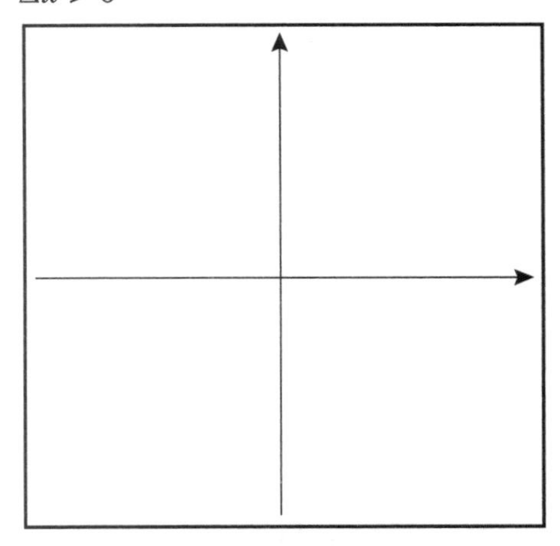

$\lim\limits_{\Delta x \to 0_+} m_{\text{sécante}} =$ ____________

$\Delta x < 0$

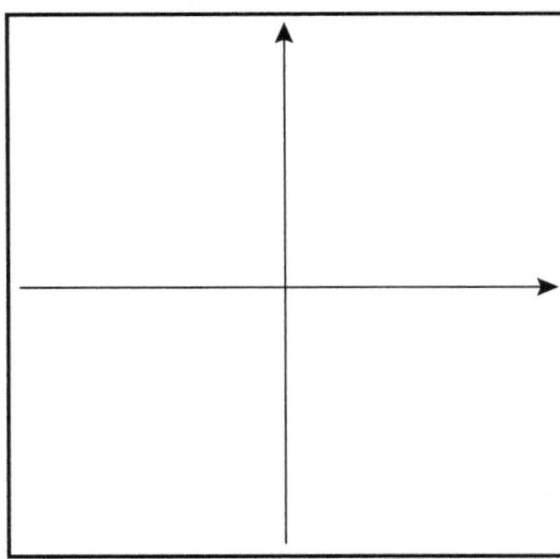

$\lim\limits_{\Delta x \to 0_-} m_{\text{sécante}} =$ ____________

Ainsi, $m_{\text{tg en }(30,\ f_5(30))} = \lim\limits_{\Delta x \to 0} m_{\text{sécante}} =$ ____________

Bloc 5

5.1 En utilisant la technique expliquée à la section 3.1.2 du manuel, esquissez le graphe de la fonction dérivée sur le système d'axes intitulé « Allure de la fonction dérivée », tel qu'on vous l'a demandé au numéro 18 de la section 3.2.

5.2 Dérivez algébriquement $f_5(x)$.

Évaluez $f_5'(30)$ __________

Y a-t-il concordance avec le bloc 5L? __________

Y a-t-il des valeurs de x pour lesquelles $f_5'(x)$ n'existe pas? ______________________________

____

Que se passe-t-il graphiquement pour ces valeurs de x? ______________________

____

5.3 Étude algébrique de la croissance de $f_5(x)$.

Domaine de $f_5(x)$: ____________________

Recherche des valeurs critiques de $f_5(x)$:

Tableau de signes de $f_5'(x)$

Signe de $f_5'(x)$	
Croissance de $f_5(x)$	

La dernière ligne du tableau concorde-t-elle avec le graphe de f_5? __________

6.1 Recherche d'un lien graphique entre le graphe de f_5 et celui de sa dérivée.

Examinez le graphe de f_5 (répondre en termes d'intervalles) :

- $f_5(x)$ semble être courbée vers le bas sur ______________________________
- $f_5(x)$ semble être courbée vers le haut sur ______________________________

Examinez la croissance-décroissance de f_5' sur le système d'axes intitulé « Allure de la fonction dérivée » pour les intervalles que vous venez de déterminer :

- Lorsque $f_5(x)$ est courbée vers le bas, $f_5'(x)$ est ______________________________.
- Lorsque $f_5(x)$ est courbée vers le haut, $f_5'(x)$ est ______________________________.

6.2 Trouvez l'expression algébrique de la dérivée seconde de $f_5(x)$.

6.3 Étude algébrique de la concavité de $f_5(x)$.

Domaine de $f_5(x)$: ____________________

Recherche des valeurs critiques de $f_5'(x)$:

Tableau de signes de $f_5''(x)$

Signe de $f_5''(x)$	
Concavité de $f_5(x)$	

La dernière ligne du tableau concorde-t-elle avec le graphe de f_5? __________

Bloc 7

7.1 Étude algébrique complète de $f_5(x)$.

En relisant les résultats algébriques que vous avez obtenus dans les blocs précédents, construisez le tableau-synthèse de la fonction.

Signe de $f_5'(x)$	
Signe de $f_5''(x)$	
Graphe de $f_5(x)$	

7.2 Tracez à la main le graphe correspondant au tableau-synthèse obtenu en 7.1.

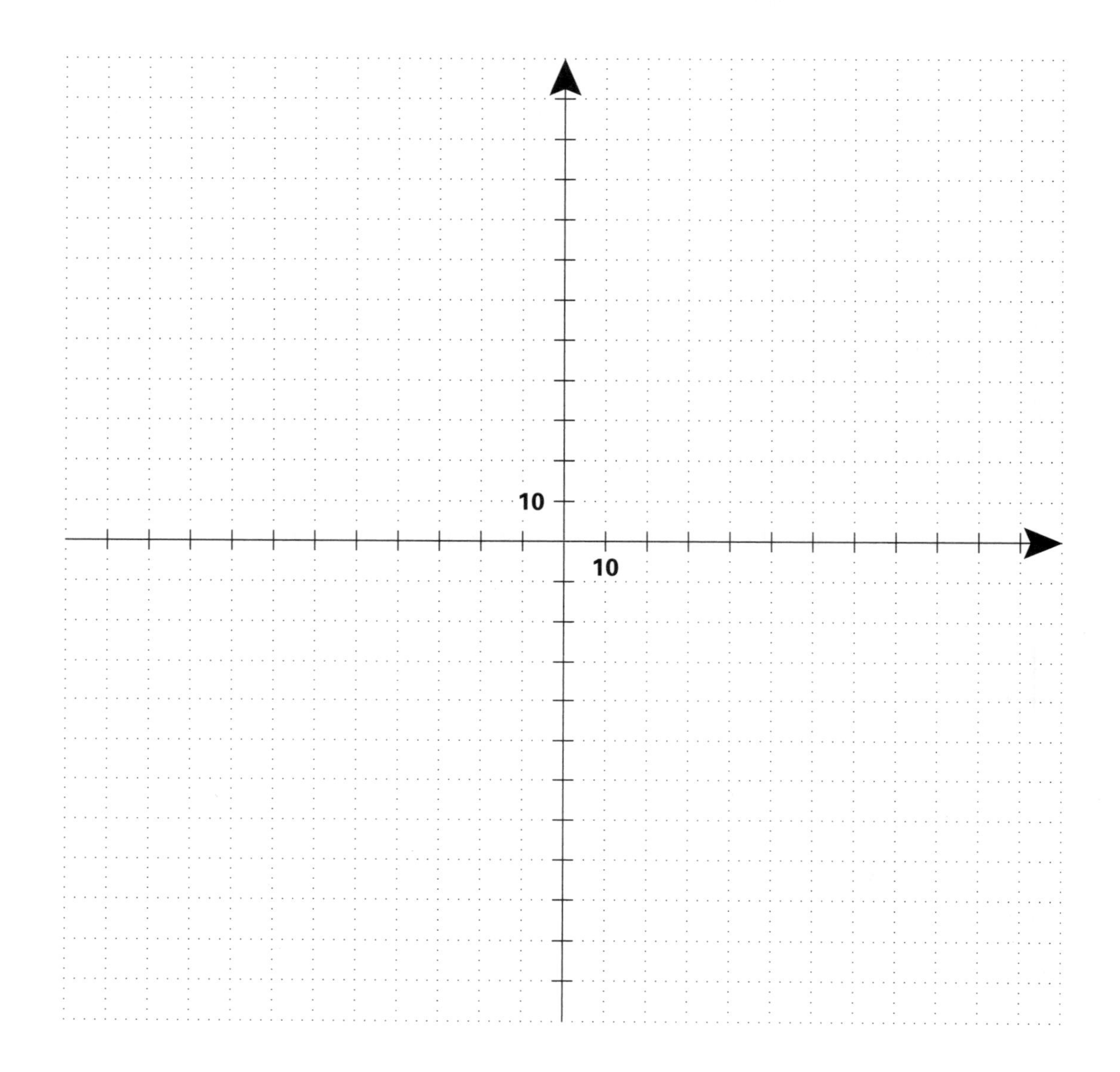

Y a-t-il concordance avec le graphe de f_5 que vous aviez redessiné sur le système d'axes intitulé « Allure du graphe de la fonction » ? __________

Y a-t-il des renseignements que vous avez obtenus algébriquement et que votre première étude graphique ne vous avait pas permis de découvrir ?

____

____

Fonction $f_6(x) = \dfrac{1000x}{x^2 + 100}$

Allure du graphe de la fonction…

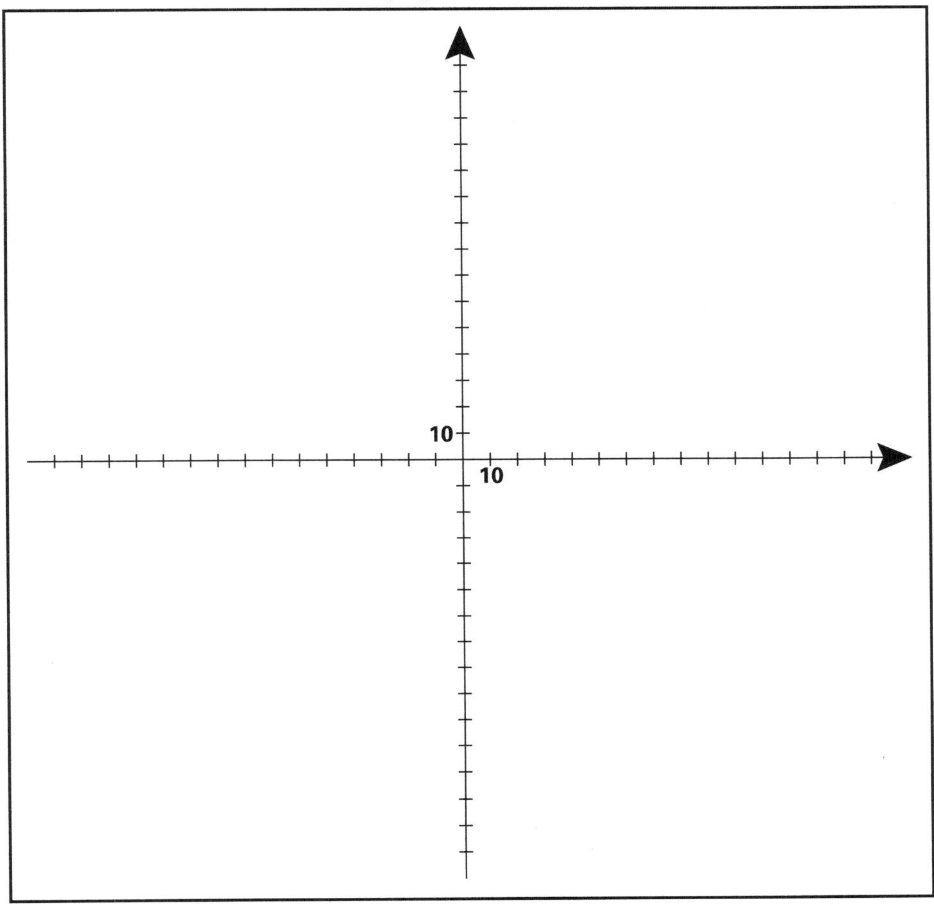

Allure de la fonction dérivée…

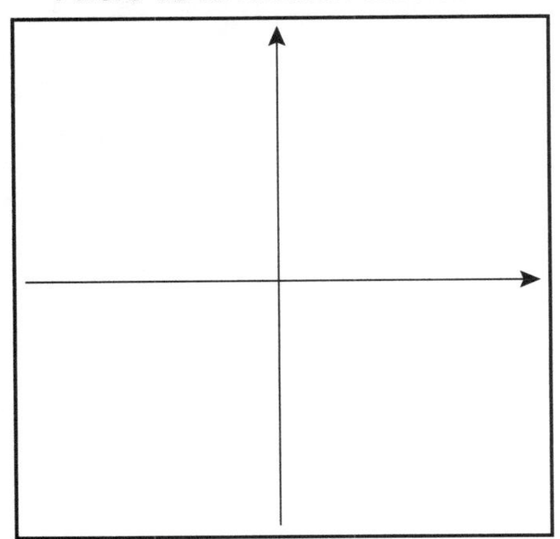

Intersections avec les axes…

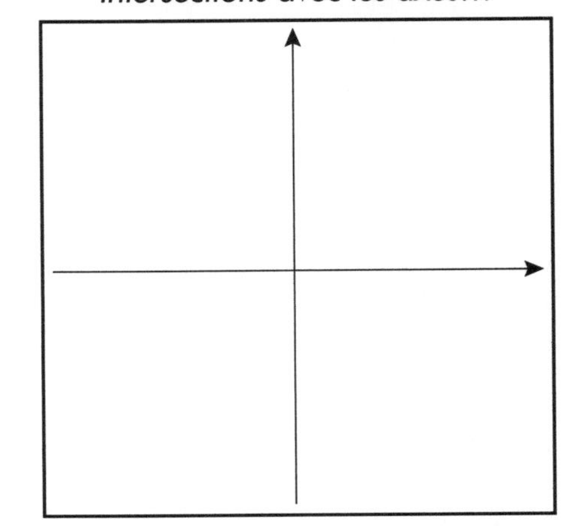

Fonction $f_6(x) = \dfrac{1000x}{x^2 + 100}$

Bloc 1L

1L.1 Y a-t-il des valeurs réelles pour lesquelles vous n'obtenez pas d'images par f_6?

Si oui, lesquelles? ______________________________

(En laboratoire, ces valeurs sont celles pour lesquelles la procédure COUPLE utilisée avec $F6$ ne retourne pas de résultat.)

1L.2 Domaine de $f_6(x)$ = ______________

1L.3 Des points intéressants: les intersections avec les axes.

Ordonnée à l'origine: ______________ ... point correspondant: (_____, _____)

Zéro ou racine: ______________ ... point correspondant: (_____, _____)

1L.4 Placez les points que vous venez de trouver sur le système d'axes intitulé «Intersections avec les axes».

Bloc 2L

2L.1 Quelles sont les particularités du graphe que vous observez à l'écran?

____

____

____

2L.2 Si vous travaillez en laboratoire, redessinez sur le système d'axes intitulé «Allure du graphe de la fonction» ce que vous voyez à l'écran.

2L.3 Les renseignements trouvés au bloc 1L concordent-ils avec le graphe que vous venez d'obtenir?

____

Bloc 3L

3L.1 Étude de la fonction autour de $x = 10$.

- Si vous travaillez en laboratoire, les procédures LIMITEG et LIMITED vous ont permis d'étudier numériquement le comportement de la fonction à gauche et à droite de $x = 10$. Voyons ce que vous avez obtenu ...
- Si vous ne travaillez pas en laboratoire, vous avez examiné graphiquement le comportement de la fonction à gauche et à droite de $x = 10$ à l'exercice 7 de la section 2.4. Voyons ce que vous avez obtenu ...

S'il y a lieu, vos résultats numériques et le graphe de la fonction concordent-ils? __________

Plus x s'approche de 10 par la gauche,
plus $f_6(x)$ s'approche de ____________________ c.-à-d. $\lim_{x \to 10_-} f_6(x)$ ____________________
____

Plus x s'approche de 10 par la droite,
plus $f_6(x)$ s'approche de ____________________ c.-à-d. $\lim_{x \to 10_+} f_6(x)$ ____________________

Vous pouvez conclure que $\lim_{x \to 10} f_6(x)$ ____________________

3.1 Évaluez algébriquement les limites suivantes:

a) $\lim_{x \to 10} \dfrac{1000x}{x^2 + 100} =$

b) $\lim_{x \to 0} \dfrac{1000x}{x^2 + 100} =$

Y a-t-il concordance entre ces résultats algébriques, le graphe de la fonction et, s'il y a lieu, les calculs numériques de limites du bloc 3L? ____________________

3.2 Graphiquement, c'est-à-dire en examinant l'allure du graphe de la fonction que vous avez déjà redessiné, trouvez-vous des discontinuités ?

Si oui, pour quelles valeurs de x ? (Faites des approximations si nécessaire.) ______________

3.3 Recherche algébrique des discontinuités.

Candidats au poste de discontinuité : ____________________, car ________________________

3.4 Recherche algébrique d'asymptotes verticales.

Candidats au poste d'asymptotes verticales : __________________, car __________________

Bloc 4L

4L.1 Étude de la fonction aux extrémités de l'axe des x.

- Si vous travaillez en laboratoire, les procédures LIM'INFINI, LIM'MS'INF vous ont permis d'étudier numériquement le comportement de la fonction lorsque x tend vers $+\infty$ et lorsque x tend vers $-\infty$. Voyons ce que vous avez obtenu ...
- Si vous ne travaillez pas en laboratoire, vous avez examiné graphiquement ces comportements à l'exercice 7 de la section 2.13. Voyons ce que vous avez obtenu ...

S'il y a lieu, vos résultats numériques et le graphe de la fonction concordent-ils ? __________

Plus x s'approche de $+\infty$,
plus $f_6(x)$ s'approche de __________________ c.-à-d. $\lim_{x \to +\infty} f_6(x)$ ________________

Plus x s'approche de $-\infty$,
plus $f_6(x)$ s'approche de __________________ c.-à-d. $\lim_{x \to -\infty} f_6(x)$ ________________

4.1 Évaluez algébriquement les limites suivantes.

a) $\lim\limits_{x \to +\infty} \dfrac{1000x}{x^2 + 100} =$

b) $\lim\limits_{x \to -\infty} \dfrac{1000x}{x^2 + 100} =$

Y a-t-il concordance entre ces résultats algébriques, le graphe de la fonction et les calculs numériques de limites du bloc 4L? ______________

4.2 Recherche algébrique d'asymptotes horizontales.

Il faut évaluer les limites suivantes: ____________________________

Or, vous avez déjà évalué ces limites algébriquement. Vous avez obtenu:

____

Tirez vos conclusions en écrivant, s'il y a lieu, les équations des asymptotes horizontales et en indiquant la (les) région(s) où chacune joue son rôle.

Si vous avez trouvé des asymptotes horizontales, dessinez-les en pointillé sur le système d'axes intitulé « Allure du graphe de la fonction ».

5L.1

- Si vous travaillez en laboratoire, la procédure SÉCANTES vous a permis de rechercher les droites candidates au poste de tangente à la courbe de f_6 au point d'abscisse $x = 10$ avec un écart $\Delta x > 0$ et avec un écart $\Delta x < 0$. Vous y avez de plus estimé la valeur limite de leur pente. Voyons ce que vous avez obtenu …
- Si vous ne travaillez pas en laboratoire, vous auriez pu rechercher graphiquement les droites candidates au poste de tangente à la courbe de f_6 au point d'abscisse $x = 10$ avec un écart $\Delta x > 0$ et avec un écart $\Delta x < 0$, comme au numéro 1 de la section 3.2. Ce serait un enrichissement.

$\Delta x > 0$

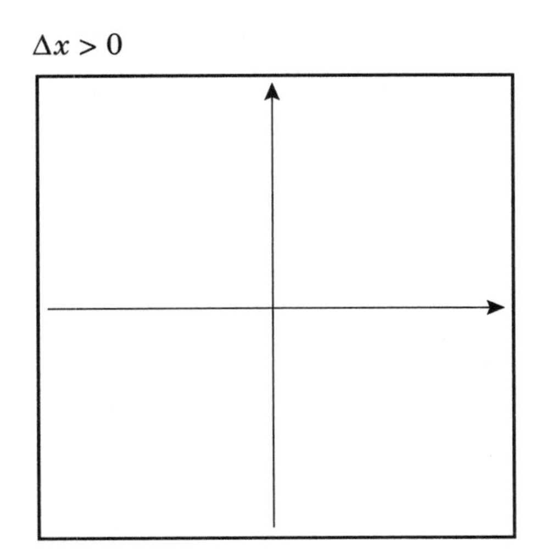

$\lim\limits_{\Delta x \to 0_+} m_{\text{sécante}} =$ ________

$\Delta x < 0$

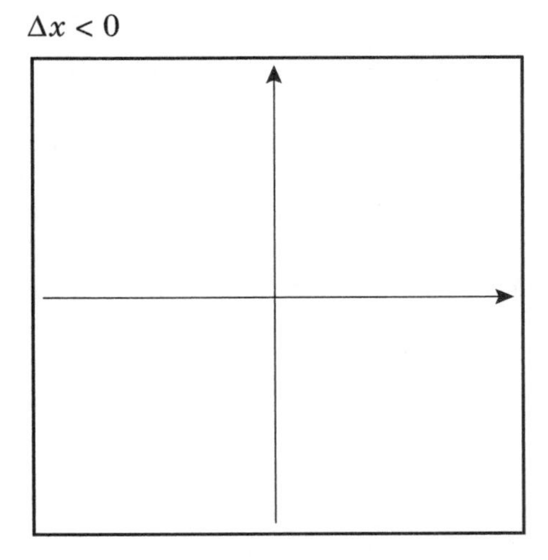

$\lim\limits_{\Delta x \to 0_-} m_{\text{sécante}} =$ ________

Ainsi, $m_{\text{tg en }(10,\ f_6(10))} = \lim\limits_{\Delta x \to 0} m_{\text{sécante}} =$ ________

5.1 En utilisant la technique expliquée à la section 3.1.2 du manuel, esquissez le graphe de la fonction dérivée sur le système d'axes intitulé « Allure de la fonction dérivée », tel qu'on vous l'a demandé au numéro 18 de la section 3.2.

5.2 Dérivez algébriquement $f_6(x)$.

Évaluez $f_6'(10)$ __________

Y a-t-il concordance avec le bloc 5L ? __________

Y a-t-il des valeurs de x pour lesquelles $f_6'(10)$ n'existe pas ? ______________________________

____

Que se passe-t-il graphiquement pour ces valeurs de x ? ______________________________

____

5.3 Étude algébrique de la croissance de $f_6(x)$.

Domaine de $f_6(x)$: ____________________

Recherche des valeurs critiques de $f_6(x)$:

Tableau de signes de $f_6'(x)$

Signe de $f_6'(x)$	
Croissance de $f_6(x)$	

La dernière ligne du tableau concorde-t-elle avec le graphe de f_6? __________

Bloc 6

6.1 Recherche d'un lien graphique entre le graphe de f_6 et celui de sa dérivée.

Examinez le graphe de f_6 (répondre en termes d'intervalles):

- $f_6(x)$ semble être courbée vers le bas sur ______________________________
- $f_6(x)$ semble être courbée vers le haut sur ______________________________

Examinez la croissance-décroissance de f_6' sur le système d'axes intitulé « Allure de la fonction dérivée » pour les intervalles que vous venez de déterminer:

- Lorsque $f_6(x)$ est courbée vers le bas, $f_6'(x)$ est ______________________________.
- Lorsque $f_6(x)$ est courbée vers le haut, $f_6'(x)$ est ______________________________.

Fonction $f_6(x) = \dfrac{1000x}{x^2 + 100}$

6.2 Trouvez l'expression algébrique de la dérivée seconde de $f_6(x)$.

6.3 Étude algébrique de la concavité de $f_6(x)$.

Domaine de $f_6(x)$: ____________________

Recherche des valeurs critiques de $f_6'(x)$:

Tableau de signes de $f_6''(x)$

Signe de $f_6''(x)$	
Concavité de $f_6(x)$	

La dernière ligne du tableau concorde-t-elle avec le graphe de f_6 ? __________

Fonction $f_6(x) = \frac{1000x}{x^2 + 100}$

Bloc 7

7.1 Étude algébrique complète de $f_6(x)$.

En relisant les résultats algébriques que vous avez obtenus dans les blocs précédents, construisez le tableau-synthèse de la fonction.

Signe de $f_6'(x)$	
Signe de $f_6''(x)$	
Graphe de $f_6(x)$	

7.2 Tracez à la main le graphe correspondant au tableau-synthèse obtenu en 7.1.

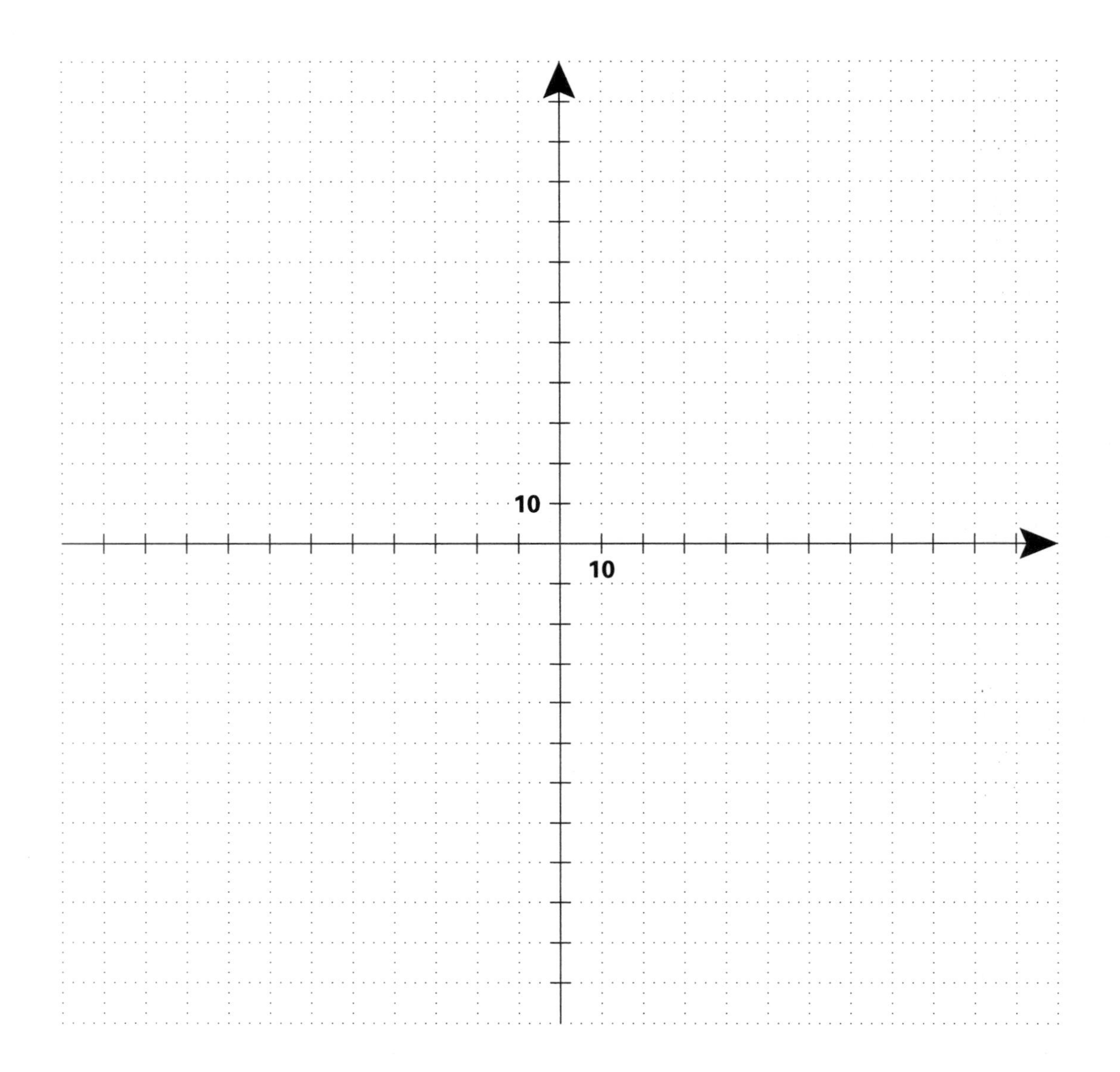

Y a-t-il concordance avec le graphe de f_6 que vous aviez redessiné sur le système d'axes intitulé « Allure du graphe de la fonction » ? __________

Y a-t-il des renseignements que vous avez obtenus algébriquement et que votre première étude graphique ne vous avait pas permis de découvrir ?

____

____

Fonction $f_7(x) = \dfrac{x^2 - 400}{x - 20}$

Allure du graphe de la fonction…

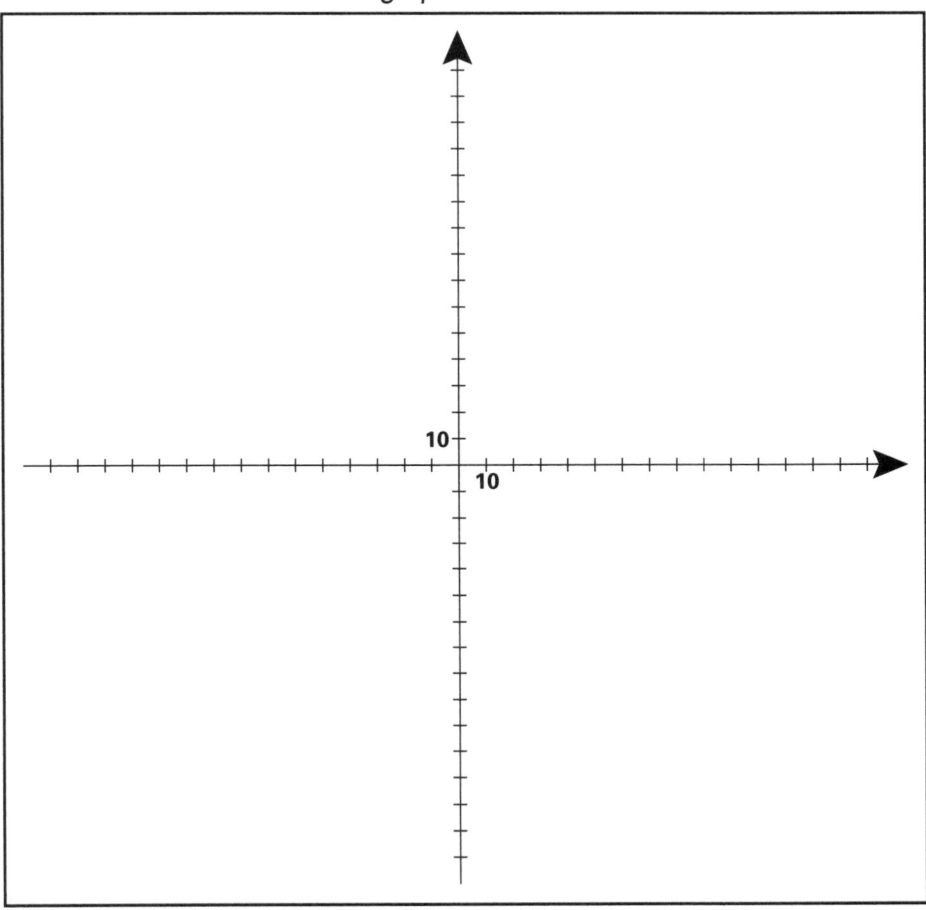

Allure de la fonction dérivée…

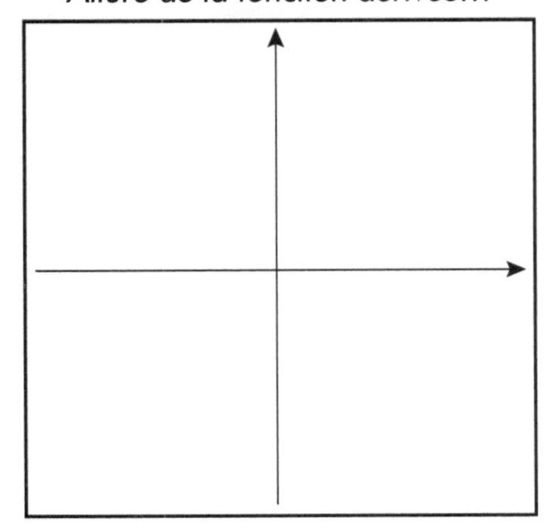

Intersections avec les axes…

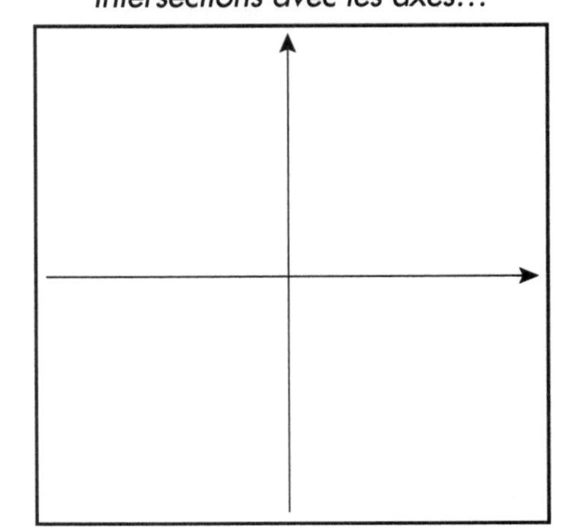

Bloc P

P.1 En logo, quelle ligne d'action décrit l'expression algébrique de cette fonction?

____

____

Bloc 1L

1L.1 Y a-t-il des valeurs réelles pour lesquelles vous n'obtenez pas d'images par f_7?

Si oui, lesquelles? ______________________________

(En laboratoire, ces valeurs sont celles pour lesquelles la procédure COUPLE utilisée avec *F*7 ne retourne pas de résultat.)

1L.2 Domaine de $f_7(x)$ = ________________

1L.3 Des points intéressants: les intersections avec les axes.

Ordonnée à l'origine: ________________ ... point correspondant: (______, ______)

Zéro ou racine: ________________ ... point correspondant: (______, ______)

Y a-t-il concordance entre les réponses de 1L.3 et celle de 1L.2? __________

1L.4 Placez les points que vous venez de trouver sur le système d'axes intitulé «Intersections avec les axes».

Bloc 2L

2L.1 Quelles sont les particularités du graphe que vous observez à l'écran?

____

____

____

2L.2 Si vous travaillez en laboratoire, redessinez sur le système d'axes intitulé «Allure du graphe de la fonction» ce que vous voyez à l'écran.

2L.3 Les renseignements trouvés au bloc 1L concordent-ils avec le graphe que vous venez d'obtenir?

____

3L.1 Étude de la fonction autour de $x = 20$.

- Si vous travaillez en laboratoire, les procédures LIMITEG et LIMITED vous ont permis d'étudier numériquement le comportement de la fonction à gauche et à droite de $x = 20$. Voyons ce que vous avez obtenu …
- Si vous ne travaillez pas en laboratoire, vous avez examiné graphiquement le comportement de la fonction à l'exercice 7 de la section 2.4. Voyons ce que vous avez obtenu …

S'il y a lieu, vos résultats numériques et le graphe de la fonction concordent-ils? ____________

Plus x s'approche de 20 par la gauche,
plus $f_7(x)$ s'approche de ____________________ c.-à-d. $\lim\limits_{x \to 20_-} f_7(x)$ ____________________

Plus x s'approche de 20 par la droite,
plus $f_7(x)$ s'approche de ____________________ c.-à-d. $\lim\limits_{x \to 20_+} f_7(x)$ ____________________

Vous pouvez conclure que $\lim\limits_{x \to 20} f_7(x)$ ____________________

Bloc 3

3.1 Évaluez algébriquement les limites suivantes :

a) $\lim\limits_{x \to 20} \dfrac{x^2 - 400}{x - 20} =$

b) $\lim\limits_{x \to -20} \dfrac{x^2 - 400}{x - 20} =$

Y a-t-il concordance entre ces résultats algébriques, le graphe de la fonction et, s'il y a lieu, les calculs numériques de limites du bloc 3L? ____________________

3.2 Graphiquement, c'est-à-dire en examinant l'allure du graphe de la fonction que vous avez déjà redessiné, trouvez-vous des discontinuités?

Si oui, pour quelles valeurs de x? (Faites des approximations si nécessaire.) ______________

3.3 Recherche algébrique des discontinuités, et recherche du type de discontinuité.

Candidats au poste de discontinuité: ____________________

«Élection» pour chacun des candidats:
Vérifiez, si nécessaire, les trois conditions de la définition de la continuité en un point, page 187 du manuel.

Pour la recherche du type de discontinuité, il faut absolument connaître le comportement de la fonction autour du candidat: si certaines limites algébriques utiles ont déjà été évaluées, rapportez ici vos résultats. Sinon, évaluez-les...

Pour __________:

Conclusion: ____

L'outil algébrique est toujours le plus rigoureux... Si vous avez trouvé des discontinuités qui n'étaient pas visibles sur le système d'axes intitulé «Allure du graphe de la fonction», veuillez les ajouter.

3.4 Recherche algébrique d'asymptotes verticales.

Candidats au poste d'asymptotes verticales : ____________________

« Élection » pour chacun des candidats :
Si vous avez déjà évalué certaines limites algébriques utiles à l'élection, rapportez vos résultats. Sinon, il faudra faire l'évaluation algébrique nécessaire...

Pour __________ :

Tirez vos conclusions et écrivez les équations des asymptotes verticales s'il y a lieu :

____

Si vous avez trouvé des asymptotes verticales, dessinez-les en pointillé sur le système d'axes intitulé « Allure du graphe de la fonction ».

4L.1 Étude de la fonction aux extrémités de l'axe des x.

- Si vous travaillez en laboratoire, les procédures LIM'INFINI, LIM'MS'INF vous ont permis d'étudier numériquement le comportement de la fonction lorsque x tend vers $+\infty$ et lorsque x tend vers $-\infty$. Voyons ce que vous avez obtenu …
- Si vous ne travaillez pas en laboratoire, vous avez examiné graphiquement ces comportements à l'exercice 7 de la section 2.13. Voyons ce que vous avez obtenu …

S'il y a lieu, vos résultats numériques et le graphe de la fonction concordent-ils ? __________

Plus x s'approche de $+\infty$,
plus $f_7(x)$ s'approche de ____________________ c.-à-d. $\lim\limits_{x \to +\infty} f_7(x)$ ____________________

Plus x s'approche de $-\infty$,
plus $f_7(x)$ s'approche de ____________________ c.-à-d. $\lim\limits_{x \to -\infty} f_7(x)$ ____________________

4.1 Évaluez algébriquement les limites suivantes :

a) $\lim\limits_{x \to +\infty} \dfrac{x^2 - 400}{x - 20} =$

b) $\lim\limits_{x \to -\infty} \dfrac{x^2 - 400}{x - 20} =$

Y a-t-il concordance entre ces résultats algébriques, le graphe de la fonction et les calculs numériques de limites du bloc 4L ? ______________

4.2 Recherche algébrique d'asymptotes horizontales.

Il faut évaluer les limites suivantes : ____________________________

Or, vous avez déjà évalué ces limites algébriquement. Vous avez obtenu :

____

Tirez vos conclusions en écrivant, s'il y a lieu, les équations des asymptotes horizontales et en indiquant la (les) région(s) où chacune joue son rôle.

____

Fonction $f_7(x) = \dfrac{x^2 - 400}{x - 20}$

5L.1

- Si vous travaillez en laboratoire, la procédure SÉCANTES vous a permis de rechercher les droites candidates au poste de tangente à la courbe de f_7 au point d'abscisse $x = 10$ avec un écart $\Delta x > 0$ et avec un écart $\Delta x < 0$. Vous y avez de plus estimé la valeur limite de leur pente. Voyons ce que vous avez obtenu …
- Si vous ne travaillez pas en laboratoire, vous pourriez rechercher graphiquement les droites candidates au poste de tangente à la courbe de f_7 au point d'abscisse $x = 10$ avec un écart $\Delta x > 0$ et avec un écart $\Delta x < 0$, comme au numéro 1 de la section 3.2. Ce serait un enrichissement.

$\Delta x > 0$

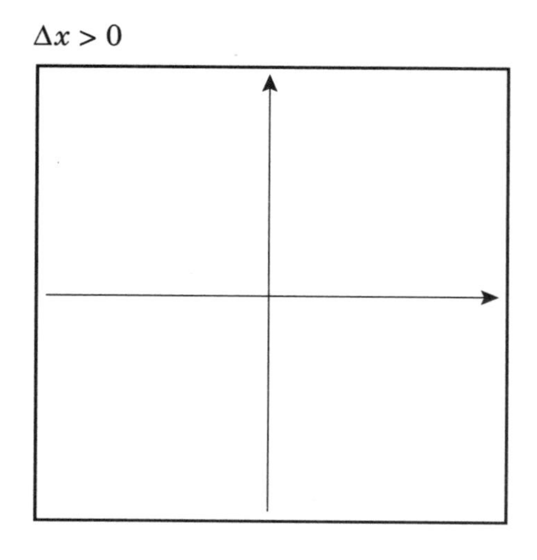

$\Delta x < 0$

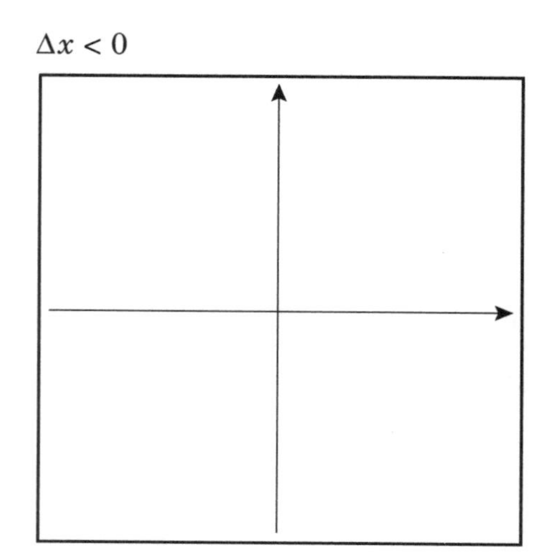

$\lim_{\Delta x \to 0_+} m_{\text{sécante}} =$ ____________

$\lim_{\Delta x \to 0_-} m_{\text{sécante}} =$ ____________

Ainsi, $m_{\text{tg en } (10,\ f_7(10))} = \lim_{\Delta x \to 0} m_{\text{sécante}} =$ ____________

5.1 En utilisant la technique expliquée à la section 3.1.2 du manuel, esquissez le graphe de la fonction dérivée sur le système d'axes intitulé « Allure de la fonction dérivée », tel qu'on vous l'a demandé au numéro 18 de la section 3.2.

5.2 Dérivez algébriquement $f_7(x)$. (Dérivez une expression plus simplifiée de $f_7(x)$, en indiquant le renseignement important qui n'est plus sous-entendu par cette expression simplifiée.)

Évaluez $f_7'(10)$ ______________

Y a-t-il concordance avec le bloc 5L? __________

Que peut-on dire de $f_7'(20)$? ______________

5.3 Étude algébrique de la croissance de $f_7(x)$.

Domaine de $f_7(x)$: ____________________

Recherche des valeurs critiques de $f_7(x)$:

Tableau de signes de $f_7'(x)$

Signe de $f_7'(x)$	
Croissance de $f_7(x)$	

La dernière ligne du tableau concorde-t-elle avec le graphe de f_7? __________

6.1 Recherche d'un lien graphique entre le graphe de f_7 et celui de sa dérivée.

Examinez le graphe de f_7 (répondre en termes d'intervalles):

- $f_7(x)$ semble être courbée vers le bas sur ______________________
- $f_7(x)$ semble être courbée vers le haut sur ______________________

Examinez la croissance-décroissance de f_7' sur le système d'axes intitulé « Allure de la fonction dérivée » pour les intervalles que vous venez de déterminer:

- Lorsque $f_7(x)$ est courbée vers le bas, $f_7'(x)$ est ______________________.
- Lorsque $f_7(x)$ est courbée vers le haut, $f_7'(x)$ est ______________________.

6.2 Trouvez l'expression algébrique de la dérivée seconde de $f_7(x)$.

6.3 Étude algébrique de la concavité de $f_7(x)$.

Domaine de $f_7(x)$: ______________

Recherche des valeurs critiques de $f_7'(x)$:

Tableau de signes de $f_7''(x)$

Signe de $f_7''(x)$	
Concavité de $f_7(x)$	

La dernière ligne du tableau concorde-t-elle avec le graphe de f_7? __________

Bloc 7

7.1 Étude algébrique complète de $f_7(x)$.

En relisant les résultats algébriques que vous avez obtenus dans les blocs précédents, construisez le tableau-synthèse de la fonction.

Signe de $f_7'(x)$	
Signe de $f_7''(x)$	
Graphe de $f_7(x)$	

7.2 Tracez à la main le graphe correspondant au tableau-synthèse obtenu en 7.1.

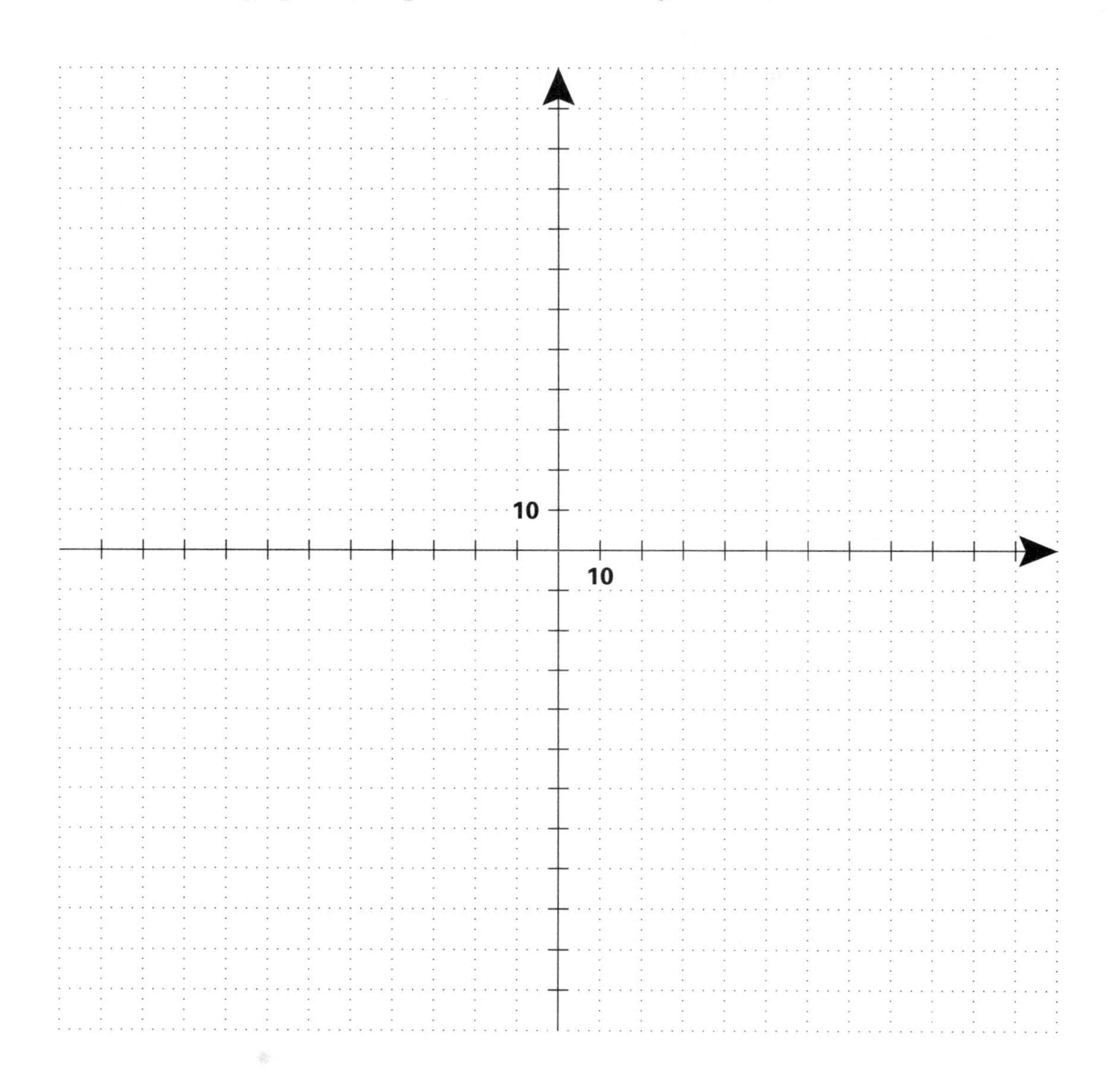

Y a-t-il concordance avec le graphe de f_7 que vous aviez redessiné sur le système d'axes intitulé « Allure du graphe de la fonction » ? __________

Y a-t-il des renseignements que vous avez obtenus algébriquement et que votre première étude graphique ne vous avait pas permis de découvrir ?

____

____

Fonction $f_8(x) = \dfrac{100(x - 20)}{x^2 - 400}$

Allure du graphe de la fonction…

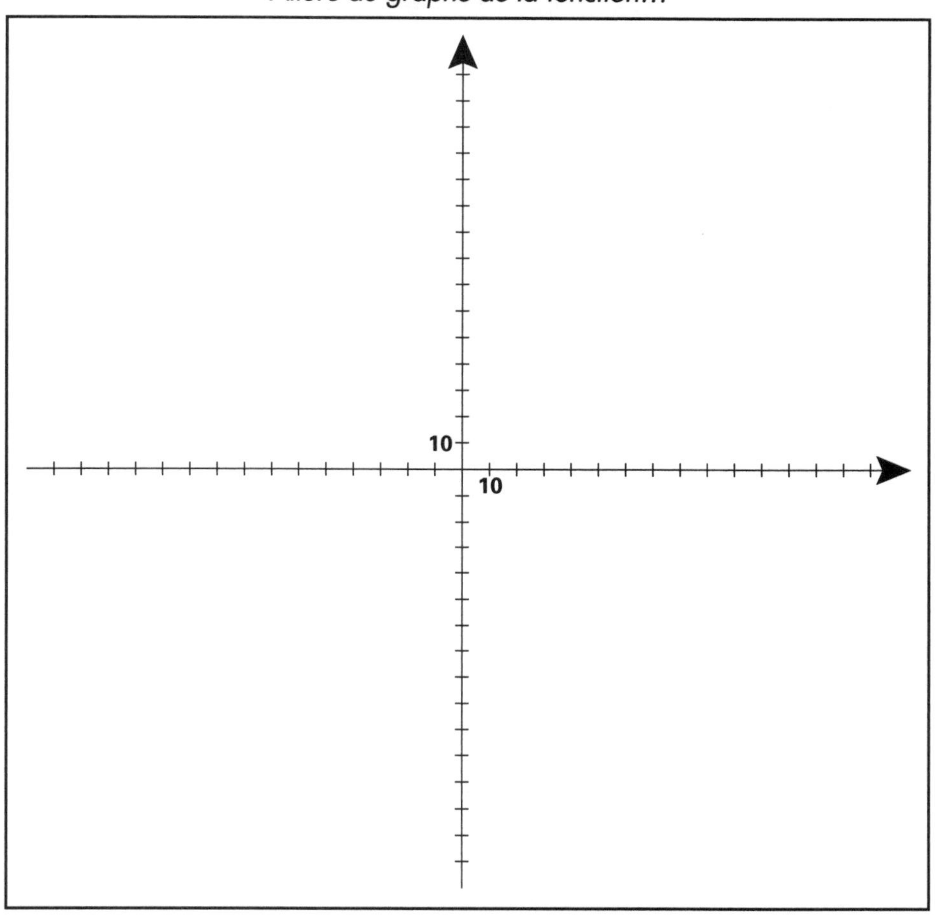

Allure de la fonction dérivée…

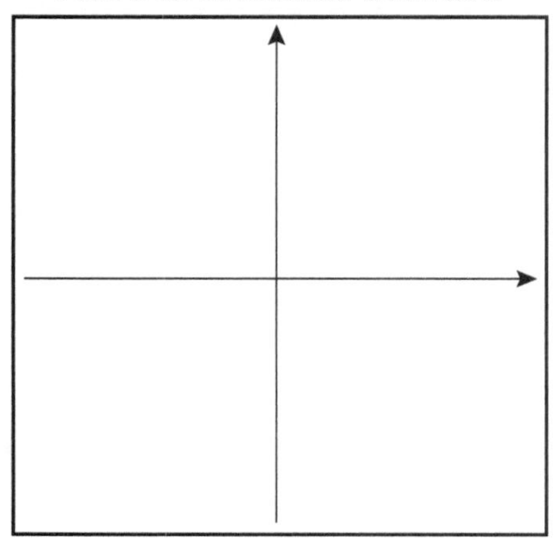

Intersections avec les axes…

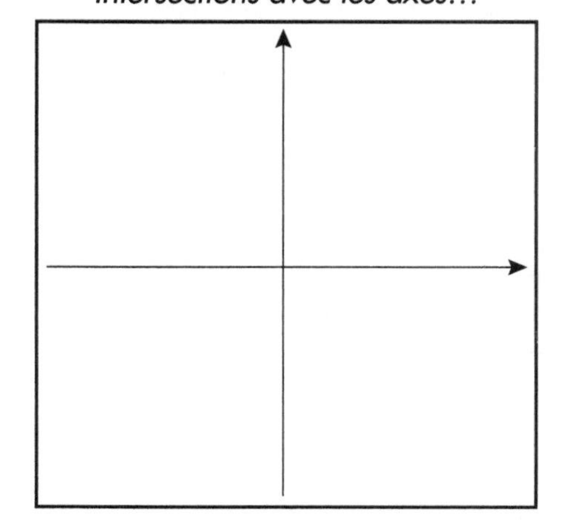

Fonction $f_8(x) = \dfrac{100(x-20)}{x^2-400}$

Bloc P

P.1 En logo, quelle ligne d'action décrit l'expression algébrique de cette fonction?

____

____

Bloc 1L

1L.1 Y a-t-il des valeurs réelles pour lesquelles vous n'obtenez pas d'images par f_8?

Si oui, lesquelles? ______________________________

(En laboratoire, ces valeurs sont celles pour lesquelles la procédure COUPLE utilisée avec *F*8 ne retourne pas de résultat.)

1L.2 Domaine de $f_8(x)$ = ________________

1L.3 Des points intéressants: les intersections avec les axes.

Ordonnée à l'origine: ________________ ... point correspondant: (______, ______)

Zéro ou racine: ________________ ... point correspondant: (______, ______)

1L.4 Placez les points que vous venez de trouver sur le système d'axes intitulé «Intersections avec les axes».

Bloc 2L

2L.1 Quelles sont les particularités du graphe que vous observez à l'écran?

____

____

____

2L.2 Si vous travaillez en laboratoire, redessinez sur le système d'axes intitulé «Allure du graphe de la fonction» ce que vous voyez à l'écran.

2L.3 Les renseignements trouvés au bloc 1L concordent-ils avec le graphe que vous venez d'obtenir?

____

3L.1 Étude de la fonction autour de $x = 20$.

- Si vous travaillez en laboratoire, les procédures LIMITEG et LIMITED vous ont permis d'étudier numériquement le comportement de la fonction à gauche et à droite de $x = 20$. Voyons ce que vous avez obtenu ...
- Si vous ne travaillez pas en laboratoire, vous avez examiné numériquement et graphiquement le comportement de la fonction à gauche et à droite de $x = 20$ aux exercices 6 et 7 de la section 2.4.

Vos résultats numériques et le graphe de la fonction concordent-ils? __________

Plus x s'approche de 20 par la gauche,
plus $f_8(x)$ s'approche de ____________________ c.-à-d. $\lim\limits_{x \to 20_-} f_8(x)$ ____________________

Plus x s'approche de 20 par la droite,
plus $f_8(x)$ s'approche de ____________________ c.-à-d. $\lim\limits_{x \to 20_+} f_8(x)$ ____________________

Vous pouvez conclure que $\lim\limits_{x \to 20} f_8(x)$ ____________________

3.1 Évaluez algébriquement les limites suivantes:

a) $\lim\limits_{x \to 20} \dfrac{100(x - 20)}{x^2 - 400} =$

b) $\lim\limits_{x \to -20} \dfrac{100(x-20)}{x^2-400} =$

Y a-t-il concordance entre ces résultats algébriques, le graphe de la fonction et, s'il y a lieu, les calculs numériques de limites du bloc 3L? ____________________

3.2 Graphiquement, c'est-à-dire en examinant l'allure du graphe de la fonction que vous avez déjà redessiné, trouvez-vous des discontinuités?

Si oui, pour quelles valeurs de x? (Faites des approximations si nécessaire.) ______________

3.3 Recherche algébrique des discontinuités, et recherche du type de discontinuité:

Candidats au poste de discontinuité: ____________________

« Élection » pour chacun des candidats:
Vérifiez, si nécessaire, les trois conditions de la définition de la continuité en un point, page 187 du manuel.

Pour la recherche du type de discontinuité, il faut absolument connaître le comportement de la fonction autour du candidat: si certaines limites algébriques utiles ont déjà été évaluées, rapportez vos résultats. Sinon, évaluez-les...

Pour __________:

Pour __________:

Conclusion: ____

L'outil algébrique est toujours le plus rigoureux... Si vous avez trouvé des discontinuités qui n'étaient pas visibles sur le système d'axes intitulé « Allure du graphe de la fonction », veuillez les ajouter.

3.4 Recherche algébrique d'asymptotes verticales.

Candidats au poste d'asymptotes verticales: ____________________

«Élection» pour chacun des candidats:
Si vous avez déjà évalué certaines limites algébriques utiles à l'élection, rapportez vos résultats. Sinon, il faudra faire l'évaluation algébrique nécessaire...

Pour __________:

Pour __________:

Tirez vos conclusions et écrivez les équations des asymptotes verticales s'il y a lieu :

____

Si vous avez trouvé des asymptotes verticales, dessinez-les en pointillé sur le système d'axes intitulé «Allure du graphe de la fonction».

4L.1 Étude de la fonction aux extrémités de l'axe des x.

- Si vous travaillez en laboratoire, les procédures LIM'INFINI, LIM'MS'INF vous ont permis d'étudier numériquement le comportement de la fonction lorsque x tend vers $+\infty$ et lorsque x tend vers $-\infty$. Voyons ce que vous avez obtenu …
- Si vous ne travaillez pas en laboratoire, vous avez examiné numériquement et graphiquement ces comportements aux exercices 6 et 7 de la section 2.13. Voyons ce que vous avez obtenu …

Vos résultats numériques et le graphe de la fonction concordent-ils? __________

Plus x s'approche de $+\infty$,
plus $f_8(x)$ s'approche de ____________________ c.-à-d. $\lim\limits_{x \to +\infty} f_8(x)$ ____________________

Plus x s'approche de $-\infty$,
plus $f_8(x)$ s'approche de ____________________ c.-à-d. $\lim\limits_{x \to -\infty} f_8(x)$ ____________________

4.1 Évaluez algébriquement les limites suivantes :

a) $\lim\limits_{x \to +\infty} \dfrac{100(x-20)}{x^2-400} =$

b) $\lim\limits_{x \to -\infty} \dfrac{100(x-20)}{x^2-400} =$

Y a-t-il concordance entre ces résultats algébriques, le graphe de la fonction et les calculs numériques de limites du bloc 4L ? ______________

4.2 Recherche algébrique d'asymptotes horizontales.

Il faut évaluer les limites suivantes : ______________________________

Or, vous avez déjà évalué ces limites algébriquement. Vous avez obtenu :

____

Tirez vos conclusions en écrivant, s'il y a lieu, les équations des asymptotes horizontales et en indiquant la (les) région(s) où chacune joue son rôle.

____

Si vous avez trouvé des asymptotes horizontales, dessinez-les en pointillé sur le système d'axes intitulé « Allure du graphe de la fonction ».

5L.1

- Si vous travaillez en laboratoire, la procédure SÉCANTES vous a permis de rechercher les droites candidates au poste de tangente à la courbe de f_8 au point d'abscisse $x = 20$ avec un écart $\Delta x > 0$ et avec un écart $\Delta x < 0$. Vous y avez de plus estimé la valeur limite de leur pente. Voyons ce que vous avez obtenu …
- Si vous ne travaillez pas en laboratoire, vous avez recherché graphiquement les droites candidates au poste de tangente à la courbe de f_8 au point d'abscisse $x = 20$ avec un écart $\Delta x > 0$ et avec un écart $\Delta x < 0$ au numéro 1 de la section 3.2. Faute de temps, nous ne vous avons pas demandé d'estimer la pente de ces droites. Voyons ce que vous avez obtenu …

$\Delta x > 0$

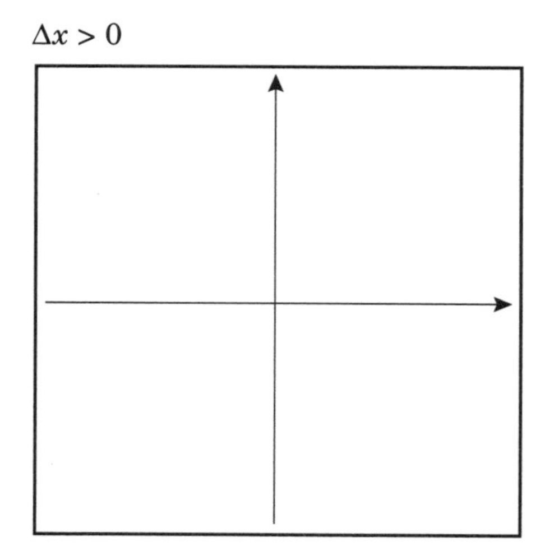

$\Delta x < 0$

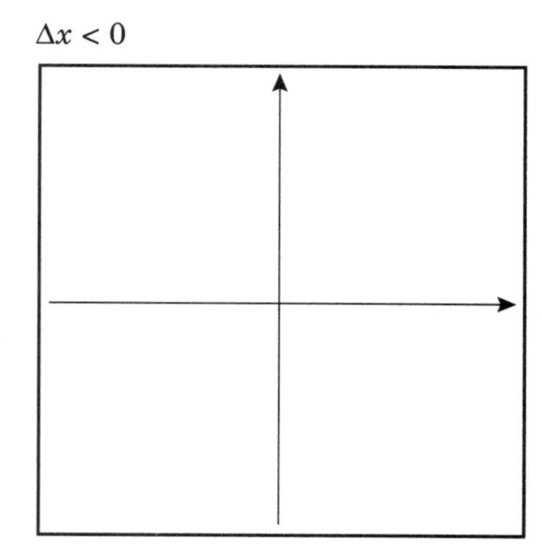

Avez-vous des problèmes avec la procédure SÉCANTES? __________

Pouvez-vous dire pourquoi? ______________________________

Ainsi, que répondrez-vous aux questions suivantes?

$\lim\limits_{\Delta x \to 0_+} m_{\text{sécante}} =$ __________

$\lim\limits_{\Delta x \to 0_-} m_{\text{sécante}} =$ __________

Ainsi, $m_{\text{tg en }(20,\, f_8(20))} = \lim\limits_{\Delta x \to 0} m_{\text{sécante}} =$ __________

Bloc 5

5.1 En utilisant la technique expliquée à la section 3.1.2 du manuel, esquissez le graphe de la fonction dérivée sur le système d'axes intitulé « Allure de la fonction dérivée », tel qu'on vous l'a demandé au numéro 18 de la section 3.2.

Fonction $f_8(x) = \dfrac{100(x-20)}{x^2-400}$

5.2 Dérivez algébriquement $f_8(x)$. (Dérivez une expression plus simplifiée de $f_8(x)$, en indiquant le renseignement important qui n'est plus sous-entendu par cette expression simplifiée.)

Évaluez $f_8'(0)$ _______________

Que peut-on dire de $f_8'(20)$? _______________

Y a-t-il concordance avec le bloc 5L? __________

Trouvez toutes les valeurs de x pour lesquelles $f_8(x)$ n'est pas dérivable.

____

5.3 Étude algébrique de la croissance de $f_8(x)$.

Domaine de $f_8(x)$: ____________________

Recherche des valeurs critiques de $f_8(x)$:

Tableau de signes de $f_8'(x)$

Signe de $f_8'(x)$	
Croissance de $f_8(x)$	

La dernière ligne du tableau concorde-t-elle avec le graphe de f_8? __________

Fonction $f_8(x) = \dfrac{100(x-20)}{x^2-400}$

Bloc 6

6.1 Recherche d'un lien graphique entre le graphe de f_8 et celui de sa dérivée.

Examinez le graphe de f_8 (répondre en termes d'intervalles) :

- $f_8(x)$ semble être courbée vers le bas sur ______________________
- $f_8(x)$ semble être courbée vers le haut sur ______________________

Examinez la croissance-décroissance de f_8' sur le système d'axes intitulé « Allure de la fonction dérivée » pour les intervalles que vous venez de déterminer :

- Lorsque $f_8(x)$ est courbée vers le bas, $f_8'(x)$ est ______________________.
- Lorsque $f_8(x)$ est courbée vers le haut, $f_8'(x)$ est ______________________.

6.2 Trouvez l'expression algébrique de la dérivée seconde de $f_8(x)$.

6.3 Étude algébrique de la concavité de $f_8(x)$.

Domaine de $f_8(x)$: ______________

Recherche des valeurs critiques de $f_8'(x)$:

Tableau de signes de $f_8''(x)$

Signe de $f_8''(x)$	
Concavité de $f_8(x)$	

La dernière ligne du tableau concorde-t-elle avec le graphe de f_8 ? __________

Bloc 7

7.1 Étude algébrique complète de $f_8(x)$.

En relisant les résultats algébriques que vous avez obtenus dans les blocs précédents, construisez le tableau-synthèse de la fonction.

Signe de $f_8'(x)$	
Signe de $f_8''(x)$	
Graphe de $f_8(x)$	

7.2 Tracez à la main le graphe correspondant au tableau-synthèse obtenu en 7.1.

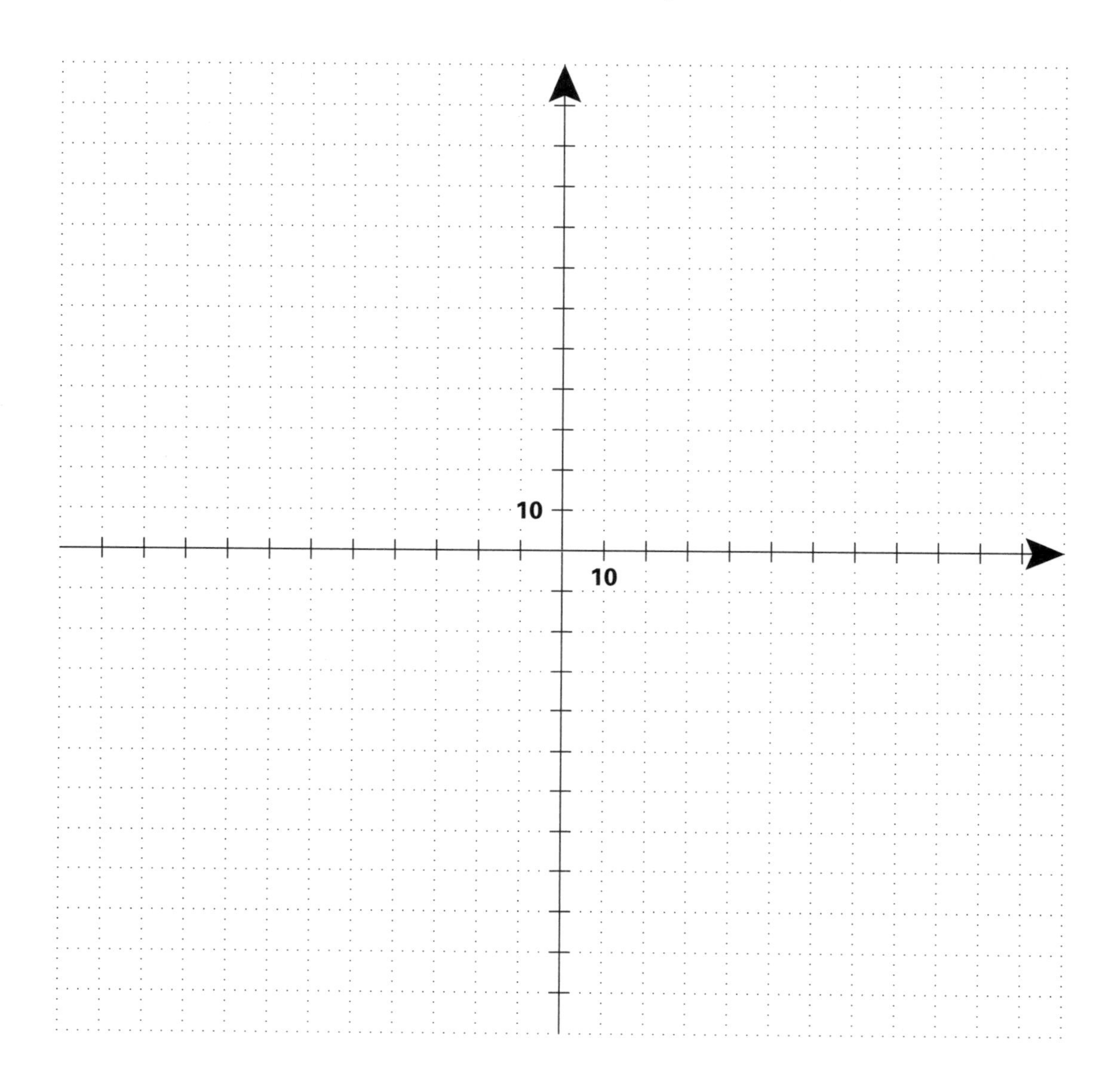

Y a-t-il concordance avec le graphe de f_8 que vous aviez redessiné sur le système d'axes intitulé « Allure du graphe de la fonction » ? __________

Y a-t-il des renseignements que vous avez obtenus algébriquement et que votre première étude graphique ne vous avait pas permis de découvrir ?

____

____

Fonction $f9(x) = \begin{cases} x - 4 & \text{si} \quad x \leq 0 \\ 20 & \text{si} \quad 0 < x \leq 10 \\ x^2 - 10x + 20 & \text{si} \quad x > 10 \end{cases}$

Allure du graphe de la fonction…

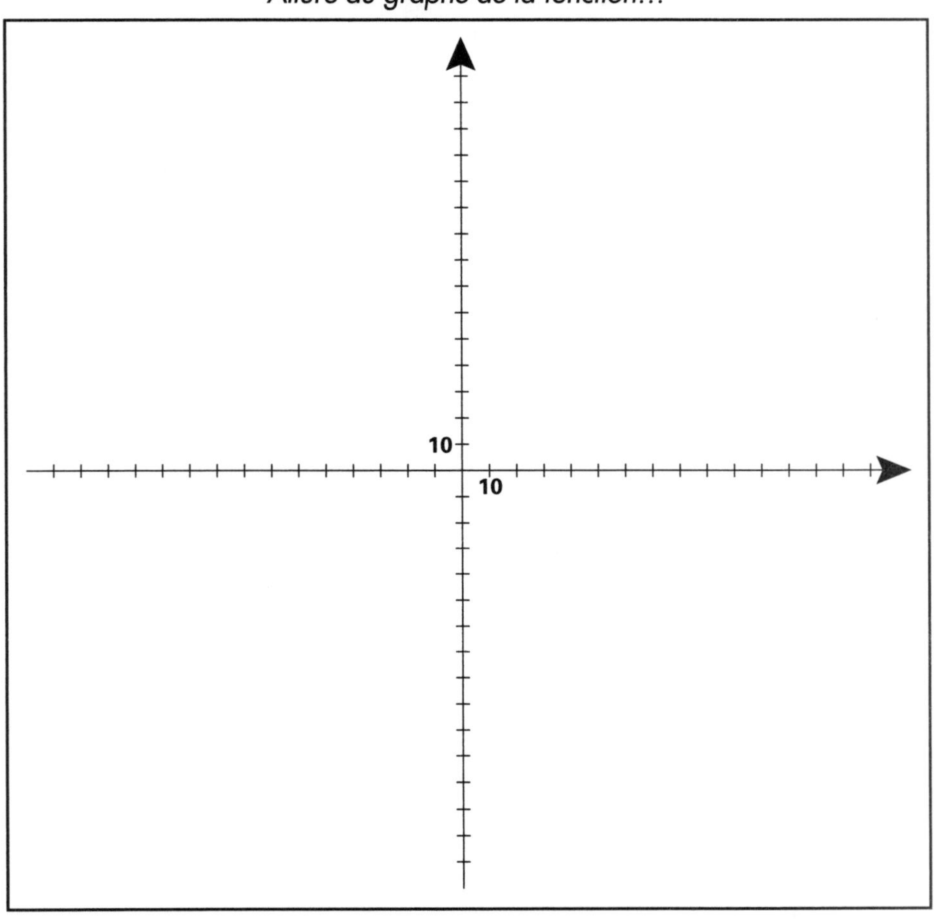

Allure de la fonction dérivée…

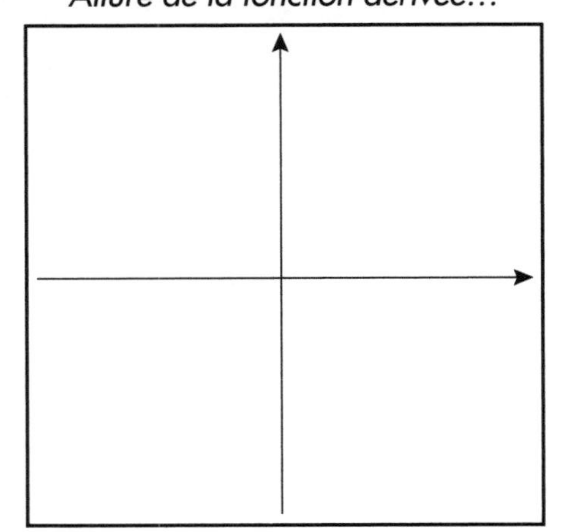

Intersections avec les axes…

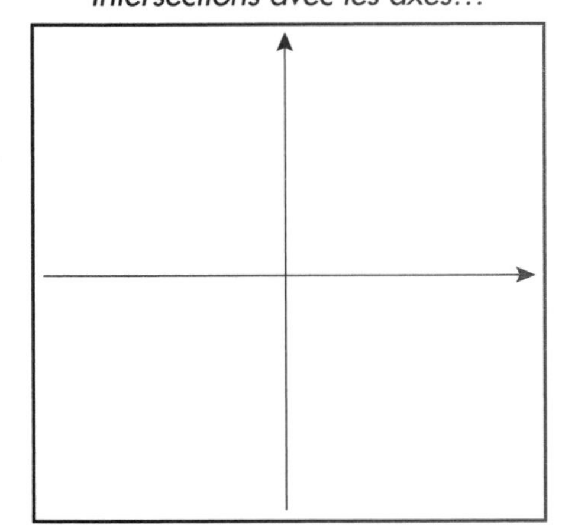

$$\textbf{Fonction } f_9(x) = \begin{cases} x - 4 & \text{si } x \leq 0 \\ 20 & \text{si } 0 < x \leq 10 \\ x^2 - 10x + 20 & \text{si } x > 10 \end{cases}$$

Bloc P

P.1 En logo, quelle ligne d'action décrit l'expression algébrique de cette fonction?

____

____

Bloc 1L

1L.1 Y a-t-il des valeurs réelles pour lesquelles vous n'obtenez pas d'images par f_9?

Si oui, lesquelles? ______________________________

(En laboratoire, ces valeurs sont celles pour lesquelles la procédure COUPLE utilisée avec *F*9, *F*9B ou *F*9C selon le cas ne retourne pas de résultat.)

1L.2 Domaine de $f_9(x)$ = ____________

1L.3 Des points intéressants: les intersections avec les axes.

Ordonnée à l'origine: ______________ ... point correspondant: (_____, _____)

Zéro ou racine: ______________ ... point correspondant: (_____, _____)

1L.4 Placez les points que vous venez de trouver sur le système d'axes intitulé «Intersections avec les axes».

Bloc 2L

2L.1 Quelles sont les particularités du graphe que vous observez à l'écran?

____

____

____

2L.2 Si vous travaillez en laboratoire, redessinez sur le système d'axes intitulé «Allure du graphe de la fonction» ce que vous voyez à l'écran.

2L.3 Les renseignements trouvés au bloc 1L concordent-ils avec le graphe que vous venez d'obtenir?

____

Fonction $f_9(x) = \begin{cases} x - 4 & \text{si } x \leq 0 \\ 20 & \text{si } 0 < x \leq 10 \\ x^2 - 10x + 20 & \text{si } x > 10 \end{cases}$

3L.1 Étude de la fonction autour de $x = 0$.

- Si vous travaillez en laboratoire, les procédures LIMITEG et LIMITED vous ont permis d'étudier numériquement le comportement de la fonction à gauche et à droite de $x = 0$. Voyons ce que vous avez obtenu ...
- Si vous ne travaillez pas en laboratoire, vous avez examiné numériquement et graphiquement le comportement de la fonction à gauche et à droite de $x = 0$ aux exercices 6 et 7 de la section 2.4. Voyons ce que vous avez obtenu ...

Vos résultats numériques et le graphe de la fonction concordent-ils? __________

Plus x s'approche de 0 par la gauche,
plus $f_9(x)$ s'approche de ____________________ c.-à-d. $\lim\limits_{x \to 0_-} f_9(x)$ ____________________

Plus x s'approche de 0 par la droite,
plus $f_9(x)$ s'approche de ____________________ c.-à-d. $\lim\limits_{x \to 0_+} f_9(x)$ ____________________

Vous pouvez conclure que $\lim\limits_{x \to 0} f_9(x)$ ____________________

Bloc 3

3.1 Évaluez algébriquement les limites suivantes :

a) $\lim\limits_{x \to 0} f_9(x) =$

b) $\lim\limits_{x \to 5} f_9(x) =$

c) $\lim_{x \to 10} f_9(x) =$

Y a-t-il concordance entre ces résultats algébriques, le graphe de la fonction et, s'il y a lieu, les calculs numériques de limites du bloc 3L? ____________________

3.2 Graphiquement, c'est-à-dire en examinant l'allure du graphe de la fonction que vous avez déjà redessiné, trouvez-vous des discontinuités?

Si oui, pour quelles valeurs de x? (Faites des approximations si nécessaire.) ______________

3.3 Recherche algébrique des discontinuités, et recherche du type de discontinuité.

Candidats au poste de discontinuité: ____________________

«Élection» pour chacun des candidats:
Vérifiez, si nécessaire, les trois conditions de la définition de la continuité en un point, page 187 du manuel.

Pour la recherche du type de discontinuité, il faut absolument connaître le comportement de la fonction autour du candidat: si certaines limites algébriques utiles ont déjà été évaluées, rapportez vos résultats. Sinon, évaluez-les...

Pour __________:

Pour __________:

Conclusion: ____

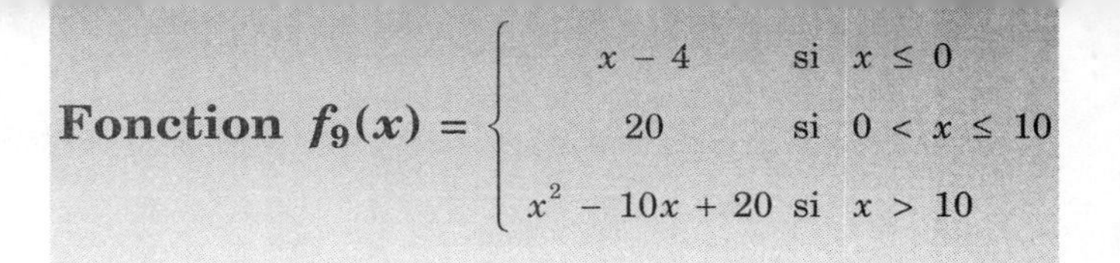

Bloc 4L

4L.1 Étude de la fonction aux extrémités de l'axe des x.

- Si vous travaillez en laboratoire, les procédures LIM'INFINI, LIM'MS'INF vous ont permis d'étudier numériquement le comportement de la fonction lorsque x tend vers $+\infty$ et lorsque x tend vers $-\infty$. Voyons ce que vous avez obtenu …
- Si vous ne travaillez pas en laboratoire, vous avez examiné numériquement et graphiquement ces comportements aux exercices 6 et 7 de la section 2.13. Voyons ce que vous avez obtenu …

Vos résultats numériques et le graphe de la fonction concordent-ils? __________

Plus x s'approche de $+\infty$,
plus $f_9(x)$ s'approche de ____________________ c.-à-d. $\lim_{x \to +\infty} f_9(x)$ ____________________

Plus x s'approche de $-\infty$,
plus $f_9(x)$ s'approche de ____________________ c.-à-d. $\lim_{x \to -\infty} f_9(x)$ ____________________

Bloc 4

4.1 Évaluez algébriquement les limites suivantes :

a) $\lim_{x \to +\infty} f_9(x) =$

b) $\lim_{x \to -\infty} f_9(x) =$

Y a-t-il concordance entre ces résultats algébriques, le graphe de la fonction et les calculs numériques de limites du bloc 4L? ______________

4.2 Recherche algébrique d'asymptotes horizontales.

Il faut évaluer les limites suivantes : ____________________________

Or, vous avez déjà évalué ces limites algébriquement. Vous avez obtenu :

___

Tirez vos conclusions en écrivant, s'il y a lieu, les équations des asymptotes horizontales et en indiquant la (les) région(s) où chacune joue son rôle.

___

Bloc 5L

5L.1

- Si vous travaillez en laboratoire, la procédure SÉCANTES vous a permis de rechercher les droites candidates au poste de tangente à la courbe de f_9 au point d'abscisse $x = 10$ avec un écart $\Delta x > 0$ et avec un écart $\Delta x < 0$. Vous y avez de plus estimé la valeur limite de leur pente. Voyons ce que vous avez obtenu...
- Si vous ne travaillez pas en laboratoire, vous avez recherché graphiquement les droites candidates au poste de tangente à la courbe de f_9 au point d'abscisse $x = 10$ avec un écart $\Delta x > 0$ et avec un écart $\Delta x < 0$ au numéro 1 de la section 3.2. Faute de temps, nous ne vous avons pas demandé d'estimer la pente de ces droites. Voyons ce que vous avez obtenu...

$\Delta x > 0$

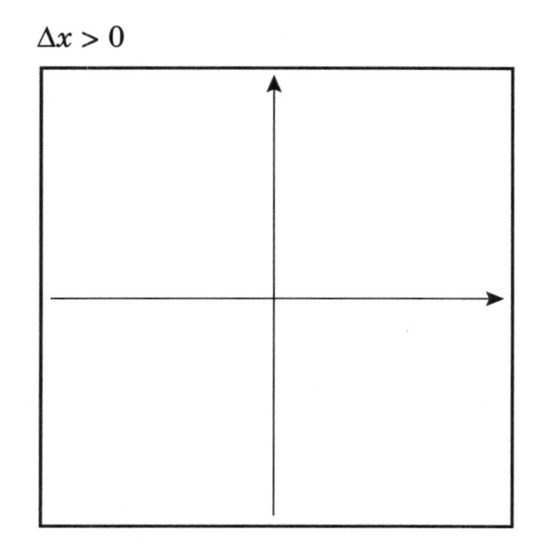

$\lim\limits_{\Delta x \to 0_+} m_{\text{sécante}} =$ ______

$\Delta x < 0$

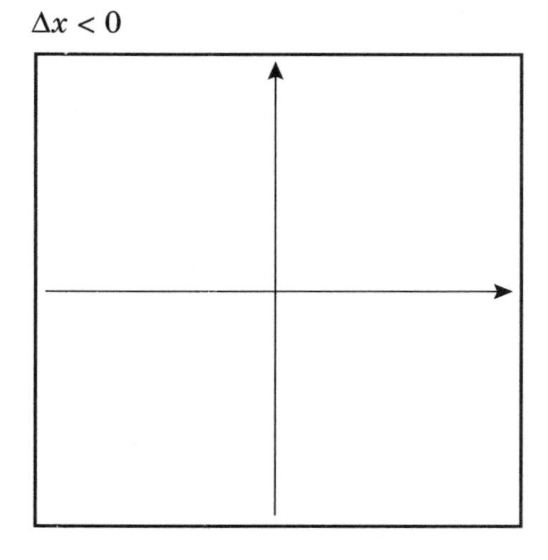

$\lim\limits_{\Delta x \to 0_-} m_{\text{sécante}} =$ ______

Ainsi, $m_{\text{tg en } (10,\ f_9(10))} = \lim\limits_{\Delta x \to 0} m_{\text{sécante}} =$ ______

5L.2 Que pouvez-vous dire au sujet de la tangente à la courbe de $f_9(x)$ au point d'abscisse $x = 0$?

___

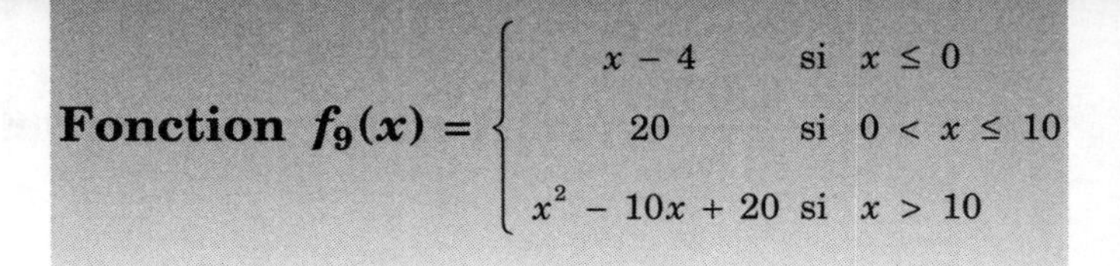

Fonction $f_9(x) = \begin{cases} x - 4 & \text{si } x \leq 0 \\ 20 & \text{si } 0 < x \leq 10 \\ x^2 - 10x + 20 & \text{si } x > 10 \end{cases}$

5.1 En utilisant la technique expliquée à la section 3.1.2 du manuel, esquissez le graphe de la fonction dérivée sur le système d'axes intitulé « Allure de la fonction dérivée », tel qu'on vous l'a demandé au numéro 18 de la section 3.2.

5.2 Dérivez algébriquement $f_9(x)$.

Évaluez $f_9'(5)$ __________

Que peut-on dire de $f_9'(10)$? __________

Y a-t-il concordance avec le bloc 5L ? ________

Trouvez toutes les valeurs de x pour lesquelles $f_9(x)$ n'est pas dérivable.

____

5.3 Étude algébrique de la croissance de $f_9(x)$.

Domaine de $f_9(x)$: ________________

Recherche des valeurs critiques de $f_9(x)$:

Fonction $f_9(x) = \begin{cases} x - 4 & \text{si } x \leq 0 \\ 20 & \text{si } 0 < x \leq 10 \\ x^2 - 10x + 20 & \text{si } x > 10 \end{cases}$

Tableau de signes de $f_9'(x)$

Signe de $f_9'(x)$	
Croissance de $f_9(x)$	

La dernière ligne du tableau concorde-t-elle avec le graphe de f_9? __________

Bloc 6

6.1 Recherche d'un lien graphique entre le graphe de f_9 et celui de sa dérivée.

Examinez le graphe de f_9 (répondre en termes d'intervalles):

- $f_9(x)$ semble être courbée vers le bas sur ______________________
- $f_9(x)$ semble être courbée vers le haut sur ______________________

Examinez la croissance-décroissance de f_9' sur le système d'axes intitulé «Allure de la fonction dérivée» pour les intervalles que vous venez de déterminer:

- Lorsque $f_9(x)$ est courbée vers le bas, $f_9'(x)$ est ______________________.
- Lorsque $f_9(x)$ est courbée vers le haut, $f_9'(x)$ est ______________________.

Fonction $f_9(x) = \begin{cases} x - 4 & \text{si } x \leq 0 \\ 20 & \text{si } 0 < x \leq 10 \\ x^2 - 10x + 20 & \text{si } x > 10 \end{cases}$

6.2 Trouvez l'expression algébrique de la dérivée seconde de $f_9(x)$.

6.3 Étude algébrique de la concavité de $f_9(x)$.

Domaine de $f_9(x)$: ____________________

Recherche des valeurs critiques de $f_9'(x)$:

Tableau de signes de $f_9''(x)$

Signe de $f_9''(x)$	
Concavité de $f_9(x)$	

La dernière ligne du tableau concorde-t-elle avec le graphe de f_9 ? __________

$$\textbf{Fonction } f_9(x) = \begin{cases} x - 4 & \text{si } x \leq 0 \\ 20 & \text{si } 0 < x \leq 10 \\ x^2 - 10x + 20 & \text{si } x > 10 \end{cases}$$

7.1 Étude algébrique complète de $f_9(x)$.

En relisant les résultats algébriques que vous avez obtenus dans les blocs précédents, construisez le tableau-synthèse de la fonction.

Signe de $f_9'(x)$	
Signe de $f_9''(x)$	
Graphe de $f_9(x)$	

7.2 Tracez à la main le graphe correspondant au tableau-synthèse obtenu en 7.1.

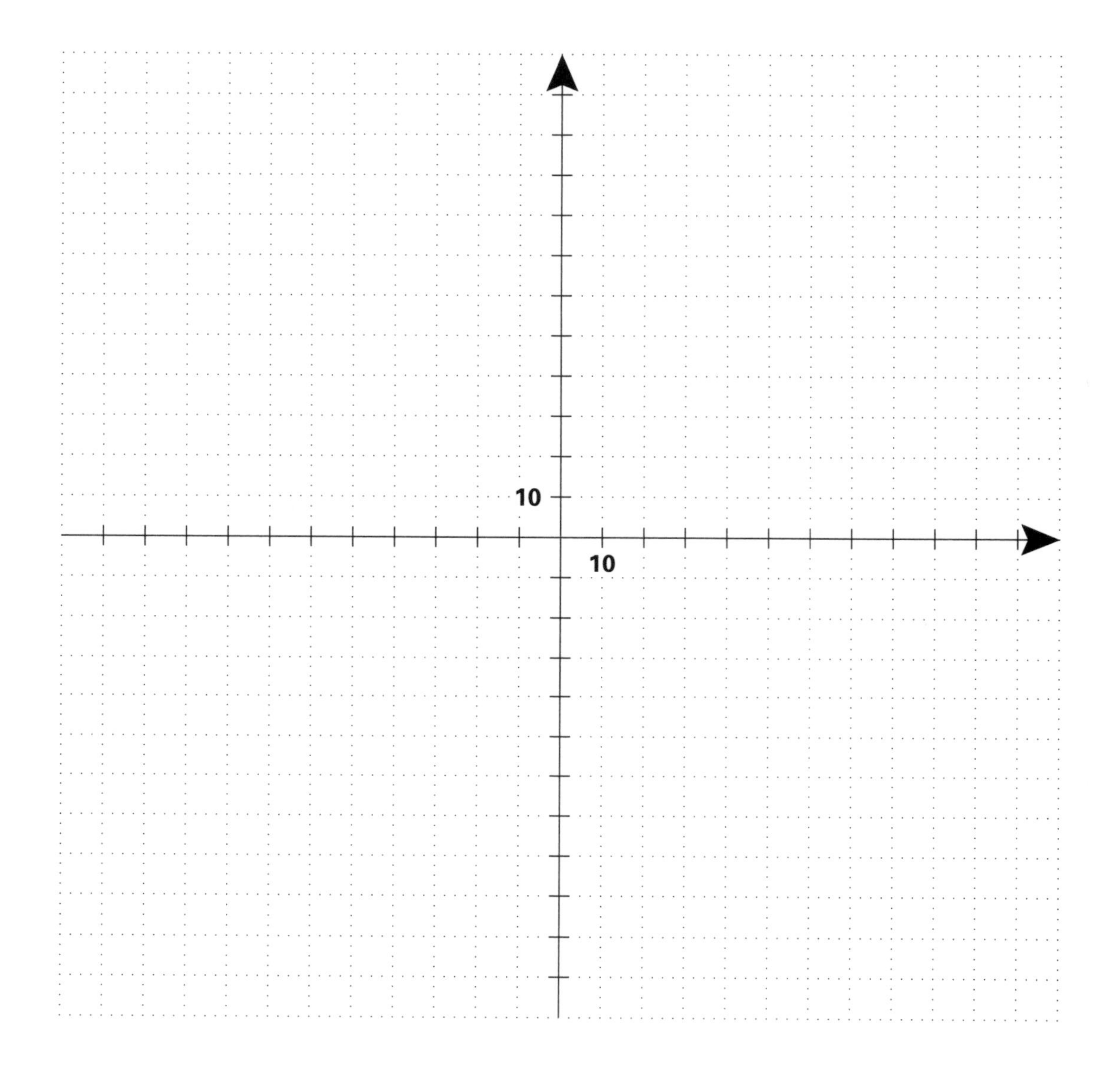

Y a-t-il concordance avec le graphe de f_9 que vous aviez redessiné sur le système d'axes intitulé « Allure du graphe de la fonction » ? __________

Y a-t-il des renseignements que vous avez obtenus algébriquement et que votre première étude graphique ne vous avait pas permis de découvrir ?

____

____

Fonction $f_{10}(x) = \left|x^2 - 25\right|$

Allure du graphe de la fonction…

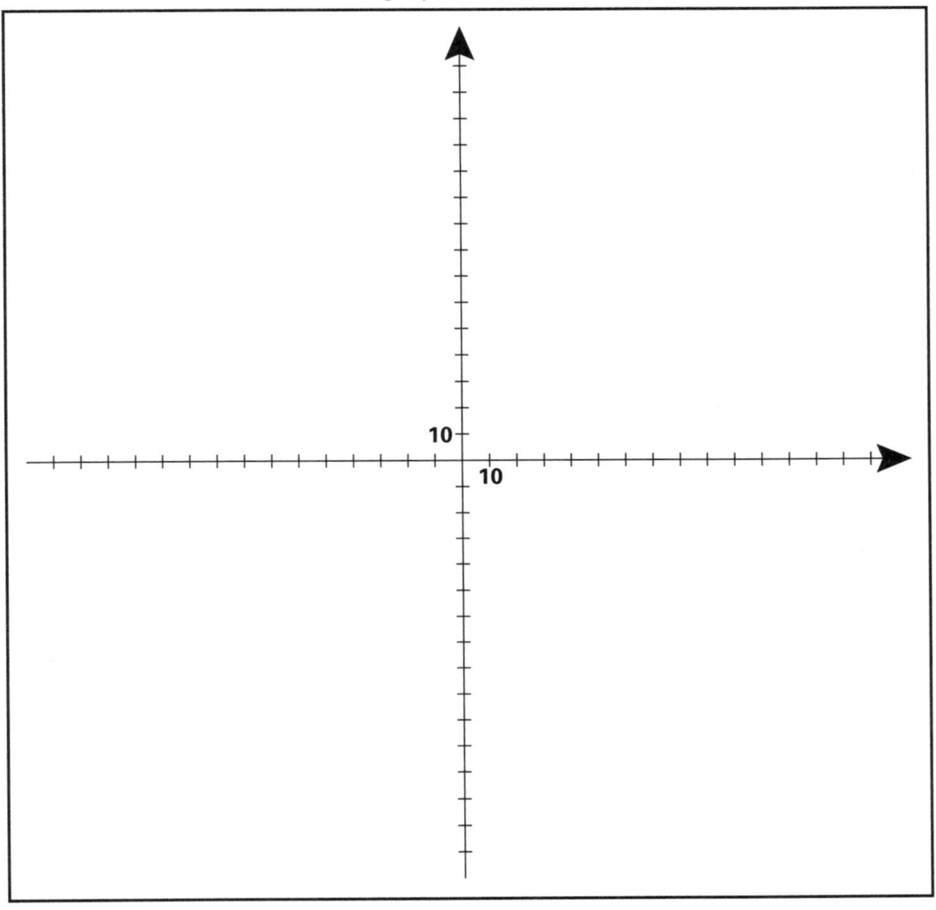

Allure de la fonction dérivée…

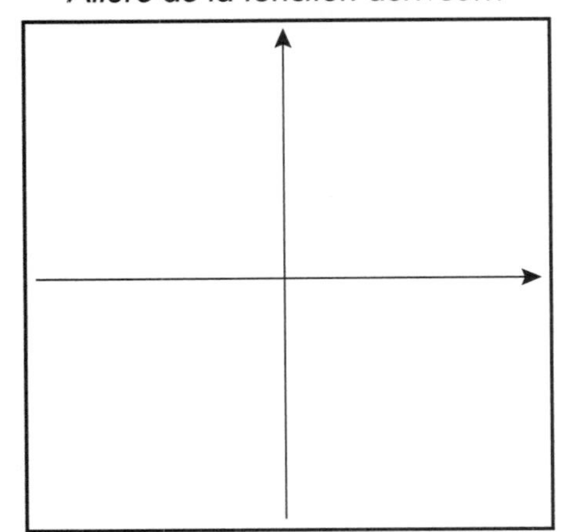

Intersections avec les axes…

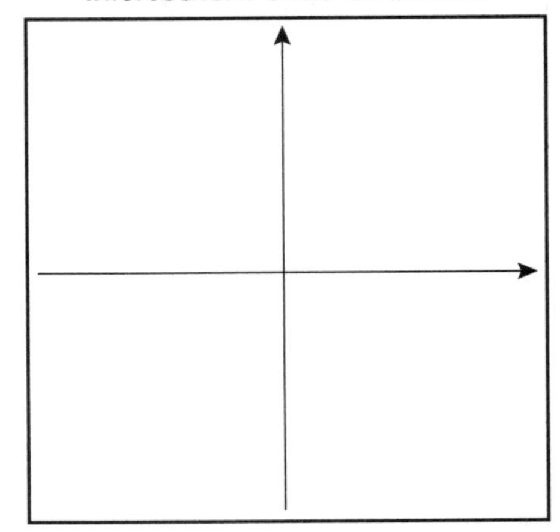

Bloc P

P.1 En logo, quelle ligne d'action décrit l'expression algébrique de cette fonction?

____

____

Bloc 1L

1L.1 Y a-t-il des valeurs réelles pour lesquelles vous n'obtenez pas d'images par f_{10}?

Si oui, lesquelles? ______________________________
(En laboratoire, ces valeurs sont celles pour lesquelles la procédure COUPLE utilisée avec $F10$ ne retourne pas de résultat.)

1L.2 Domaine de $f_{10}(x)$ = ______________

1L.3 Des points intéressants: les intersections avec les axes.

Ordonnée à l'origine: ______________ ... point correspondant: (______, ______)

Zéro(s) ou racine(s): ______________ ... point(s) correspondant(s): (______, ______)

(______, ______)

1L.4 Placez les points que vous venez de trouver sur le système d'axes intitulé «Intersections avec les axes».

Bloc 2L

2L.1 Quelles sont les particularités du graphe que vous observez à l'écran?

____

____

____

2L.2 Si vous travaillez en laboratoire, redessinez sur le système d'axes intitulé «Allure du graphe de la fonction» ce que vous voyez à l'écran.

2L.3 Les renseignements trouvés au bloc 1L concordent-ils avec le graphe que vous venez d'obtenir?

____

3L.1 Étude de la fonction autour de $x = 5$.

- Si vous travaillez en laboratoire, les procédures LIMITEG et LIMITED vous ont permis d'étudier numériquement le comportement de la fonction à gauche et à droite de $x = 5$.
- Si vous ne travaillez pas en laboratoire, vous avez examiné graphiquement le comportement de la fonction à gauche et à droite de $x = 5$ à l'exercice 7 de la section 2.4.

S'il y a lieu, vos résultats numériques et le graphe de la fonction concordent-ils? ___________

Plus x s'approche de 5 par la gauche, plus $f_{10}(x)$ s'approche de ________________ c.-à-d. $\lim_{x \to 5_-} f_{10}(x)$ ________________

Plus x s'approche de 5 par la droite, plus $f_{10}(x)$ s'approche de ________________ c.-à-d. $\lim_{x \to 5_+} f_{10}(x)$ ________________

Vous pouvez conclure que $\lim_{x \to 5} f_{10}(x)$ ________________

Bloc 3

3.1 Évaluez algébriquement les limites suivantes:

a) $\lim_{x \to 5} \left|x^2 - 25\right| =$

b) $\lim_{x \to 10} \left|x^2 - 25\right| =$

c) $\lim_{x \to -5} |x^2 - 25| =$

Y a-t-il concordance entre ces résultats algébriques, le graphe de la fonction et, s'il y a lieu, les calculs numériques de limites du bloc 3L? ____________________

3.2 Graphiquement, c'est-à-dire en examinant l'allure du graphe de la fonction que vous avez déjà redessiné, trouvez-vous des discontinuités?

Si oui, pour quelles valeurs de x? (Faites des approximations si nécessaire.) ______________

3.3 Recherche algébrique des discontinuités.

Candidats au poste de discontinuité : ____________________

« Élection » pour chacun des candidats :
Vérifiez, si nécessaire, les trois conditions de la définition de la continuité en un point, page 187 du manuel. Si certaines limites algébriques utiles à l'élection ont déjà été évaluées, rapportez vos résultats. Sinon, évaluez-les...

Pour __________ :

Pour __________ :

Conclusion : ____

4L.1 Étude de la fonction aux extrémités de l'axe des x.

- Si vous travaillez en laboratoire, les procédures LIM'INFINI, LIM'MS'INF vous ont permis d'étudier numériquement le comportement de la fonction lorsque x tend vers $+\infty$ et lorsque x tend vers $-\infty$. Voyons ce que vous avez obtenu ...
- Si vous ne travaillez pas en laboratoire, vous avez examiné graphiquement ces comportements à l'exercice 7 de la section 2.13. Voyons ce que vous avez obtenu ...

S'il y a lieu, vos résultats numériques et le graphe de la fonction concordent-ils ? ____________

Plus x s'approche de $+\infty$,
plus $f_{10}(x)$ s'approche de ____________________ c.-à-d. $\lim\limits_{x \to +\infty} f_{10}(x)$ ____________________

Plus x s'approche de $-\infty$,
plus $f_{10}(x)$ s'approche de ____________________ c.-à-d. $\lim\limits_{x \to -\infty} f_{10}(x)$ ____________________

Bloc 4

4.1 Évaluez algébriquement les limites suivantes :

a) $\lim\limits_{x \to +\infty} \left|x^2 - 25\right| =$

b) $\lim\limits_{x \to -\infty} \left|x^2 - 25\right| =$

Y a-t-il concordance entre ces résultats algébriques, le graphe de la fonction et les calculs numériques de limites du bloc 4L ? ______________

4.2 Recherche algébrique d'asymptotes horizontales.

Il faut évaluer les limites suivantes : ______________________________

Or, vous avez déjà évalué ces limites algébriquement. Vous avez obtenu :

____

Tirez vos conclusions en écrivant, s'il y a lieu, les équations des asymptotes horizontales et en indiquant la (les) région(s) où chacune joue son rôle.

Bloc 5L

5L.1

- Si vous travaillez en laboratoire, la procédure SÉCANTES vous a permis de rechercher les droites candidates au poste de tangente à la courbe de f_{10} au point d'abscisse $x = 5$ avec un écart $\Delta x > 0$ et avec un écart $\Delta x < 0$. Vous y avez de plus estimé la valeur limite de leur pente. Voyons ce que vous avez obtenu ...
- Si vous ne travaillez pas en laboratoire, vous pourriez rechercher graphiquement les droites candidates au poste de tangente à la courbe de f_{10} au point d'abscisse $x = 5$ avec un écart $\Delta x > 0$ et avec un écart $\Delta x < 0$, comme au numéro 1 de la section 3.2. Ce serait un enrichissement.

$\Delta x > 0$

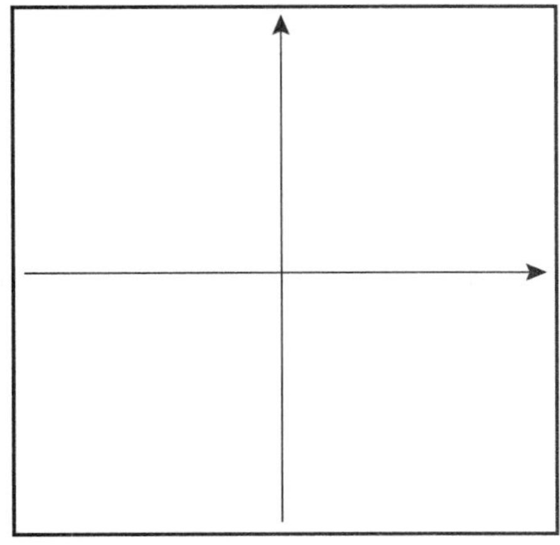

$\Delta x < 0$

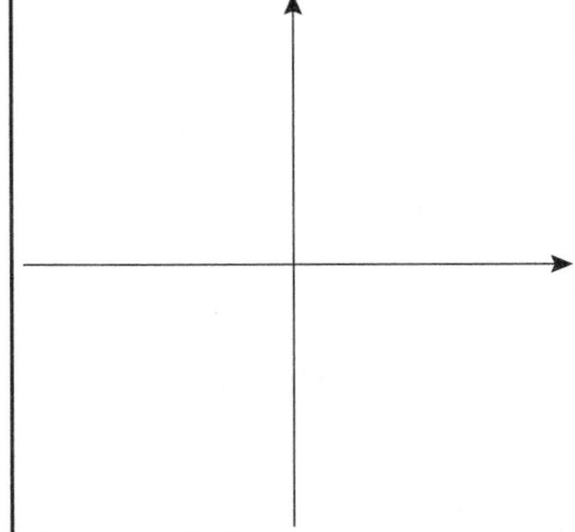

$\lim_{\Delta x \to 0_+} m_{\text{sécante}} =$ ____________

$\lim_{\Delta x \to 0_-} m_{\text{sécante}} =$ ____________

Ainsi, $m_{\text{tg en } (5,\, f_{10}(5))} = \lim_{\Delta x \to 0} m_{\text{sécante}} =$ ____________

5L.2 Que pouvez-vous dire au sujet de la tangente à la courbe de $f_{10}(x)$ au point d'abscisse $x = -5$?

5.1 En utilisant la technique expliquée à la section 3.1.2 du manuel, esquissez le graphe de la fonction dérivée sur le système d'axes intitulé « Allure de la fonction dérivée », tel qu'on vous l'a demandé au numéro 18 de la section 3.2.

5.2 Dérivez algébriquement $f_{10}(x)$:

Évaluez $f_{10}'(10)$ ____________________ Que peut-on dire de $f_{10}'(5)$? ____________________

Y a-t-il concordance avec le bloc 5L ? __________

Trouvez toutes les valeurs de x pour lesquelles $f_{10}(x)$ n'est pas dérivable.

____

5.3 Étude algébrique de la croissance de $f_{10}(x)$.

Domaine de $f_{10}(x)$: ____________________

Recherche des valeurs critiques de $f_{10}(x)$:

Tableau de signes de $f_{10}'(x)$

Signe de $f_{10}'(x)$	
Croissance de $f_{10}(x)$	

La dernière ligne du tableau concorde-t-elle avec le graphe de f_{10}? __________

6.1 Recherche d'un lien graphique entre le graphe de f_{10} et celui de sa dérivée.

Examinez le graphe de f_{10} :

- $f_{10}(x)$ semble être courbée vers le bas sur ______________________________
- $f_{10}(x)$ semble être courbée vers le haut sur ______________________________

Examinez la croissance-décroissance de f_{10}' sur le système d'axes intitulé « Allure de la fonction dérivée » pour les intervalles que vous venez de déterminer :

- Lorsque $f_{10}(x)$ est courbée vers le bas, $f_{10}'(x)$ est ______________________________.
- Lorsque $f_{10}(x)$ est courbée vers le haut, $f_{10}'(x)$ est ______________________________.

6.2 Trouvez l'expression algébrique de la dérivée seconde de $f_{10}(x)$.

6.3 Étude algébrique de la concavité de $f_{10}(x)$.

Domaine de $f_{10}(x)$: ____________________

Recherche des valeurs critiques de $f_{10}'(x)$:

Tableau de signes de $f_{10}''(x)$

Signe de $f_{10}''(x)$	
Concavité de $f_{10}(x)$	

La dernière ligne du tableau concorde-t-elle avec le graphe de f_{10} ? __________

Bloc 7

7.1 Étude algébrique complète de $f_{10}(x)$.

En relisant les résultats algébriques que vous avez obtenus dans les blocs précédents, construisez le tableau-synthèse de la fonction.

Signe de $f_{10}'(x)$	
Signe de $f_{10}''(x)$	
Graphe de $f_{10}(x)$	

7.2 Tracez à la main le graphe correspondant au tableau-synthèse obtenu en 7.1.

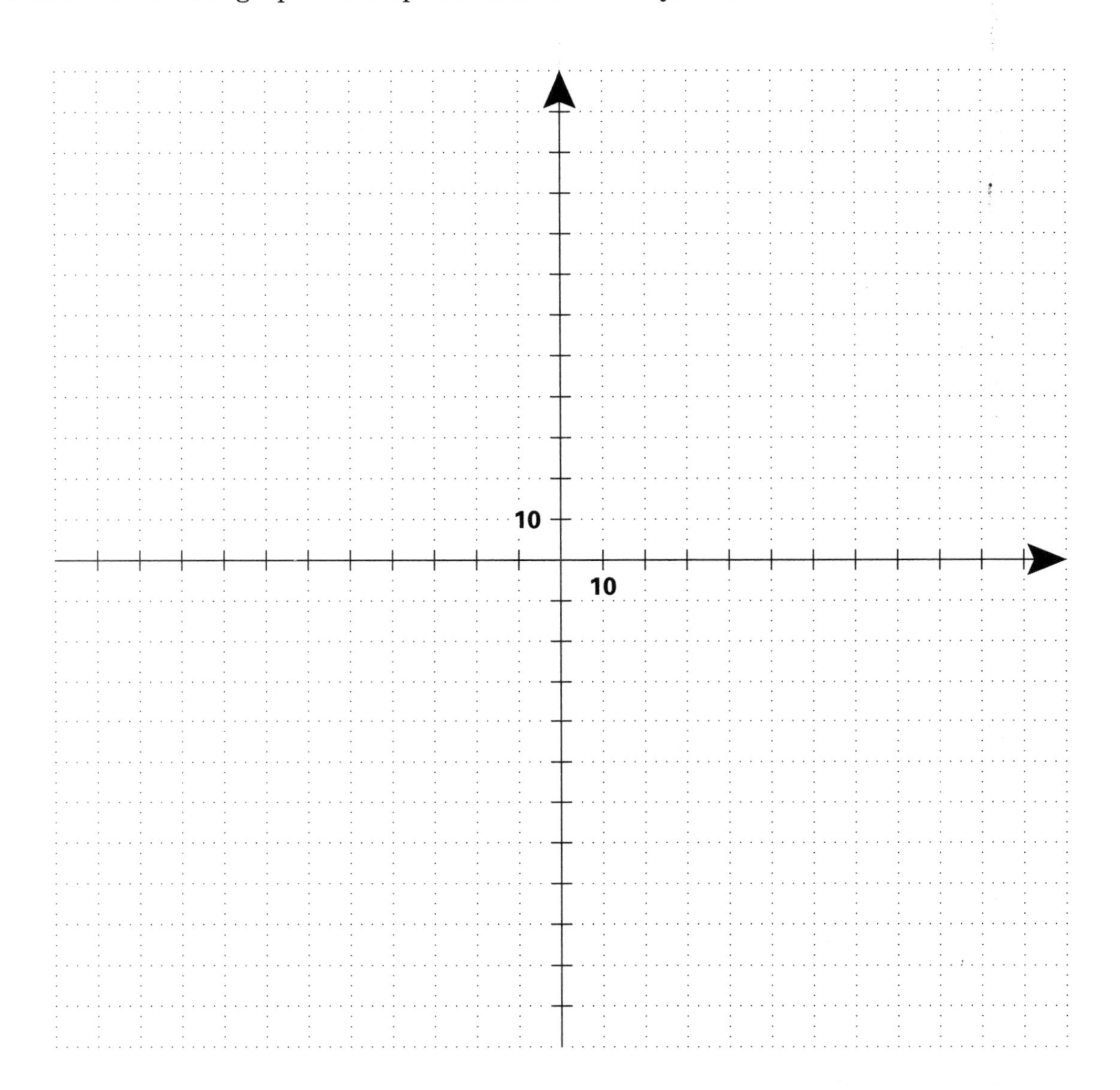

Y a-t-il concordance avec le graphe de f_{10} que vous aviez redessiné sur le système d'axes intitulé « Allure du graphe de la fonction » ? __________

Y a-t-il des renseignements que vous avez obtenus algébriquement et que votre première étude graphique ne vous avait pas permis de découvrir ?

____

____

Fonction $f_{11}(x) = \dfrac{4(x+15)}{\sqrt{x-10}}$

Allure du graphe de la fonction…

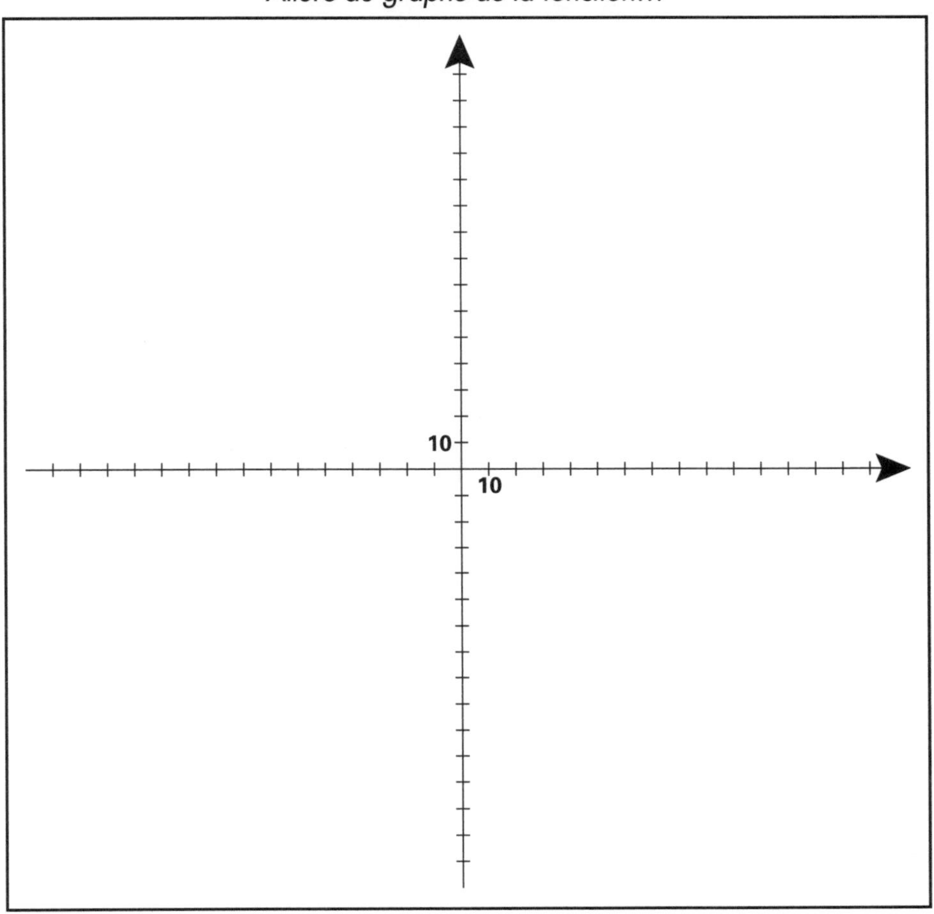

Allure de la fonction dérivée…

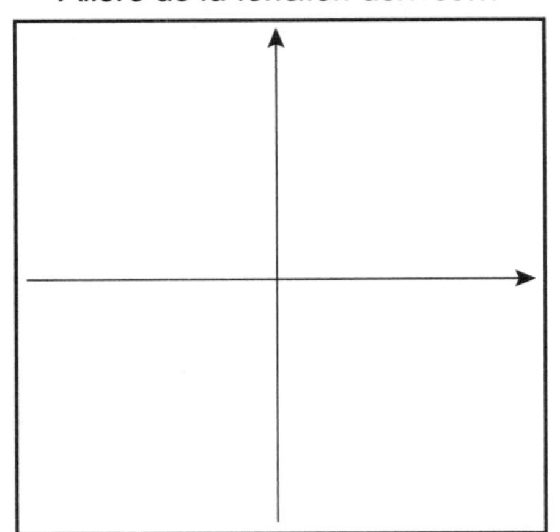

Intersections avec les axes…

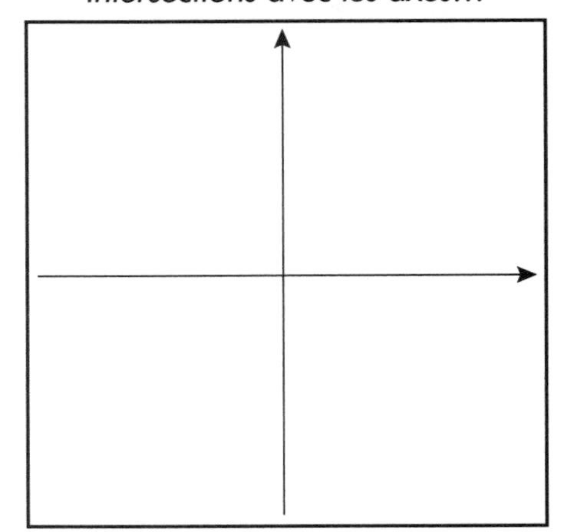

Bloc 1L

1L.1 Y a-t-il des valeurs réelles pour lesquelles vous n'obtenez pas d'images par f_{11}?

Si oui, lesquelles? ____________________

(En laboratoire, ces valeurs sont celles pour lesquelles la procédure COUPLE utilisée avec $F11$ ne retourne pas de résultat.)

1L.2 Domaine de $f_{11}(x)$ = ____________

1L.3 Des points intéressants: les intersections avec les axes.

Ordonnée à l'origine: ____________ ... point correspondant: (_____, _____)

Zéro ou racine: ____________ ... point correspondant: (_____, _____)

1L.4 Placez les points que vous venez de trouver sur le système d'axes intitulé «Intersections avec les axes».

Bloc 2L

2L.1 Quelles sont les particularités du graphe que vous observez à l'écran?

____

____

____

2L.2 Si vous travaillez en laboratoire, redessinez sur le système d'axes intitulé «Allure du graphe de la fonction» ce que vous voyez à l'écran.

2L.3 Les renseignements trouvés au bloc 1L concordent-ils avec le graphe que vous venez d'obtenir?

____

Bloc 3L

3L.1 Étude de la fonction autour de $x = 10$.

- Si vous travaillez en laboratoire, les procédures LIMITEG et LIMITED vous ont permis d'étudier numériquement le comportement de la fonction à gauche et à droite de $x = 10$. Voyons ce que vous avez obtenu …
- Si vous ne travaillez pas en laboratoire, vous avez examiné graphiquement le comportement de la fonction à l'exercice 7 de la section 2.4. Voyons ce que vous avez obtenu …

S'il y a lieu, vos résultats numériques et le graphe de la fonction concordent-ils ? __________

Plus x s'approche de 10 par la gauche,
plus $f_{11}(x)$ s'approche de ______________ c.-à-d. $\lim_{x \to 10_-} f_{11}(x)$ ______________

Plus x s'approche de 10 par la droite,
plus $f_{11}(x)$ s'approche de ______________ c.-à-d. $\lim_{x \to 10_+} f_{11}(x)$ ______________

Vous pouvez conclure que $\lim_{x \to 10} f_{11}(x)$ ______________

Bloc 3

3.1 Évaluez algébriquement les limites suivantes :

a) $\lim_{x \to 10} \dfrac{4(x + 15)}{\sqrt{x - 10}} =$

b) $\lim_{x \to 35} \dfrac{4(x + 15)}{\sqrt{x - 10}} =$

Y a-t-il concordance entre ces résultats algébriques, le graphe de la fonction et, s'il y a lieu, les calculs numériques de limites du bloc 3L ? ______________

3.2 Graphiquement, c'est-à-dire en examinant l'allure du graphe de la fonction que vous avez déjà redessiné, trouvez-vous des discontinuités?

Si oui, pour quelles valeurs de x? (Faites des approximations si nécessaire.) ______________

3.3 Algébriquement, montrez que f_{11} est discontinue en $x = 10$.

Si vous portez attention, vous devriez y arriver très rapidement...

3.4 Recherche algébrique d'asymptotes verticales.

Candidats au poste d'asymptotes verticales: ____________________

«Élection» pour chacun des candidats:
Si vous avez déjà évalué certaines limites algébriques utiles à l'élection, rapportez ici vos résultats. Sinon, il faudra faire l'évaluation algébrique nécessaire...

Pour __________:

Tirez vos conclusions et écrivez les équations des asymptotes verticales s'il y a lieu:

____

Si vous avez trouvé des asymptotes verticales, dessinez-les en pointillé sur le système d'axes intitulé «Allure du graphe de la fonction».

4L.1 Étude de la fonction aux extrémités de l'axe des x.

- Si vous travaillez en laboratoire, les procédures LIM'INFINI, LIM'MS'INF vous ont permis d'étudier numériquement le comportement de la fonction lorsque x tend vers $+\infty$ et lorsque x tend vers $-\infty$. Voyons ce que vous avez obtenu ...
- Si vous ne travaillez pas en laboratoire, vous avez examiné numériquement et graphiquement ces comportements aux exercices 6 et 7 de la section 2.13. Voyons ce que vous avez obtenu ...

Vos résultats numériques et le graphe de la fonction concordent-ils? __________

Plus x s'approche de $+\infty$,
plus $f_{11}(x)$ s'approche de __________________ c.-à-d. $\lim_{x \to +\infty} f_{11}(x)$ __________________

Plus x s'approche de $-\infty$,
plus $f_{11}(x)$ s'approche de __________________ c.-à-d. $\lim_{x \to -\infty} f_{11}(x)$ __________________

Bloc 4

4.1 Évaluez algébriquement les limites suivantes:

a) $\lim_{x \to +\infty} \frac{4(x+15)}{\sqrt{x-10}} =$

b) $\lim_{x \to -\infty} \frac{4(x+15)}{\sqrt{x-10}} =$

Y a-t-il concordance entre ces résultats algébriques, le graphe de la fonction et les calculs numériques de limites du bloc 4L? ______________

4.2 Recherche algébrique d'asymptotes horizontales.

Il faut évaluer les limites suivantes : ____________________________

Or, vous avez déjà évalué ces limites algébriquement. Vous avez obtenu :

____

Tirez vos conclusions en écrivant, s'il y a lieu, les équations des asymptotes horizontales et en indiquant la (les) région(s) où chacune joue son rôle.

____

Bloc 5L

5L.1 • Si vous travaillez en laboratoire, la procédure SÉCANTES vous a permis de rechercher les droites candidates au poste de tangente à la courbe de f_{11} au point d'abscisse $x = 35$ avec un écart $\Delta x > 0$ et avec un écart $\Delta x < 0$. Vous y avez de plus estimé la valeur limite de leur pente. Voyons ce que vous avez obtenu …

• Si vous ne travaillez pas en laboratoire, vous pourriez rechercher graphiquement les droites candidates au poste de tangente à la courbe de f_{11} au point d'abscisse $x = 35$ avec un écart $\Delta x > 0$ et avec un écart $\Delta x < 0$, comme au numéro 1 de la section 3.2. Ce serait un enrichissement.

$\Delta x > 0$

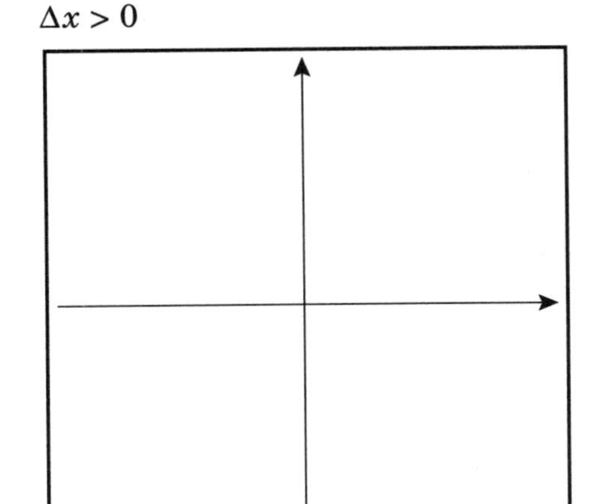

$\lim_{\Delta x \to 0_+} m_{\text{sécante}} =$ ____________

$\Delta x < 0$

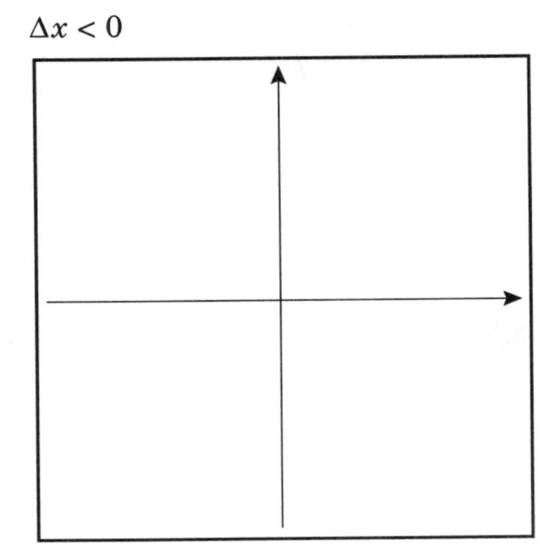

$\lim_{\Delta x \to 0_-} m_{\text{sécante}} =$ ____________

Ainsi, $m_{\text{tg en }(35,\ f_{11}(35))} = \lim_{\Delta x \to 0} m_{\text{sécante}} =$ ____________

5.1 En utilisant la technique expliquée à la section 3.2.2 du manuel, esquissez le graphe de la fonction dérivée sur le système d'axes intitulé « Allure de la fonction dérivée », tel qu'on vous l'a demandé au numéro 17 de la section 3.3.

5.2 Dérivez algébriquement $f_{11}(x)$.

Évaluez $f_{11}'(35)$ ______________

Y a-t-il concordance avec le bloc 5L? __________

Graphiquement, que se passe-t-il de spécial en $(35, f_{11}(35))$? ______________________________

____

5.3 Étude algébrique de la croissance de $f_{11}(x)$.

Domaine de $f_{11}(x)$: ____________________

Recherche des valeurs critiques de $f_{11}(x)$:

Tableau de signes de $f_{11}'(x)$

Signe de $f_{11}'(x)$	
Croissance de $f_{11}(x)$	

La dernière ligne du tableau concorde-t-elle avec le graphe de f_{11} ? __________

Bloc 6

6.1 Recherche d'un lien graphique entre le graphe de f_{11} et celui de sa dérivée.

Examinez le graphe de f_{11} :

- $f_{11}(x)$ semble être courbée vers le bas sur ______________________________
- $f_{11}(x)$ semble être courbée vers le haut sur ______________________________

Examinez la croissance-décroissance de f_{11}' sur le système d'axes intitulé « Allure de la fonction dérivée » pour les intervalles que vous venez de déterminer :

- Lorsque $f_{11}(x)$ est courbée vers le bas, $f_{11}'(x)$ est ______________________________.
- Lorsque $f_{11}(x)$ est courbée vers le haut, $f_{11}'(x)$ est ______________________________.

6.2 Trouvez l'expression algébrique de la dérivée seconde de $f_{11}(x)$.

6.3 Étude algébrique de la concavité de $f_{11}(x)$.

Domaine de $f_{11}(x)$: ____________________

Recherche des valeurs critiques de $f_{11}'(x)$:

Tableau de signes de $f_{11}''(x)$

Signe de $f_{11}''(x)$	
Concavité de $f_{11}(x)$	

La dernière ligne du tableau concorde-t-elle avec le graphe de f_{11} ? __________

Fonction $f_{11}(x) = \dfrac{4(x+15)}{\sqrt{x-10}}$

7.1 Étude algébrique complète de $f_{11}(x)$.

En relisant les résultats algébriques que vous avez obtenus dans les blocs précédents, construisez le tableau-synthèse de la fonction.

Signe de $f_{11}'(x)$	
Signe de $f_{11}''(x)$	
Graphe de $f_{11}(x)$	

7.2 Tracez à la main le graphe correspondant au tableau-synthèse obtenu en 7.1.

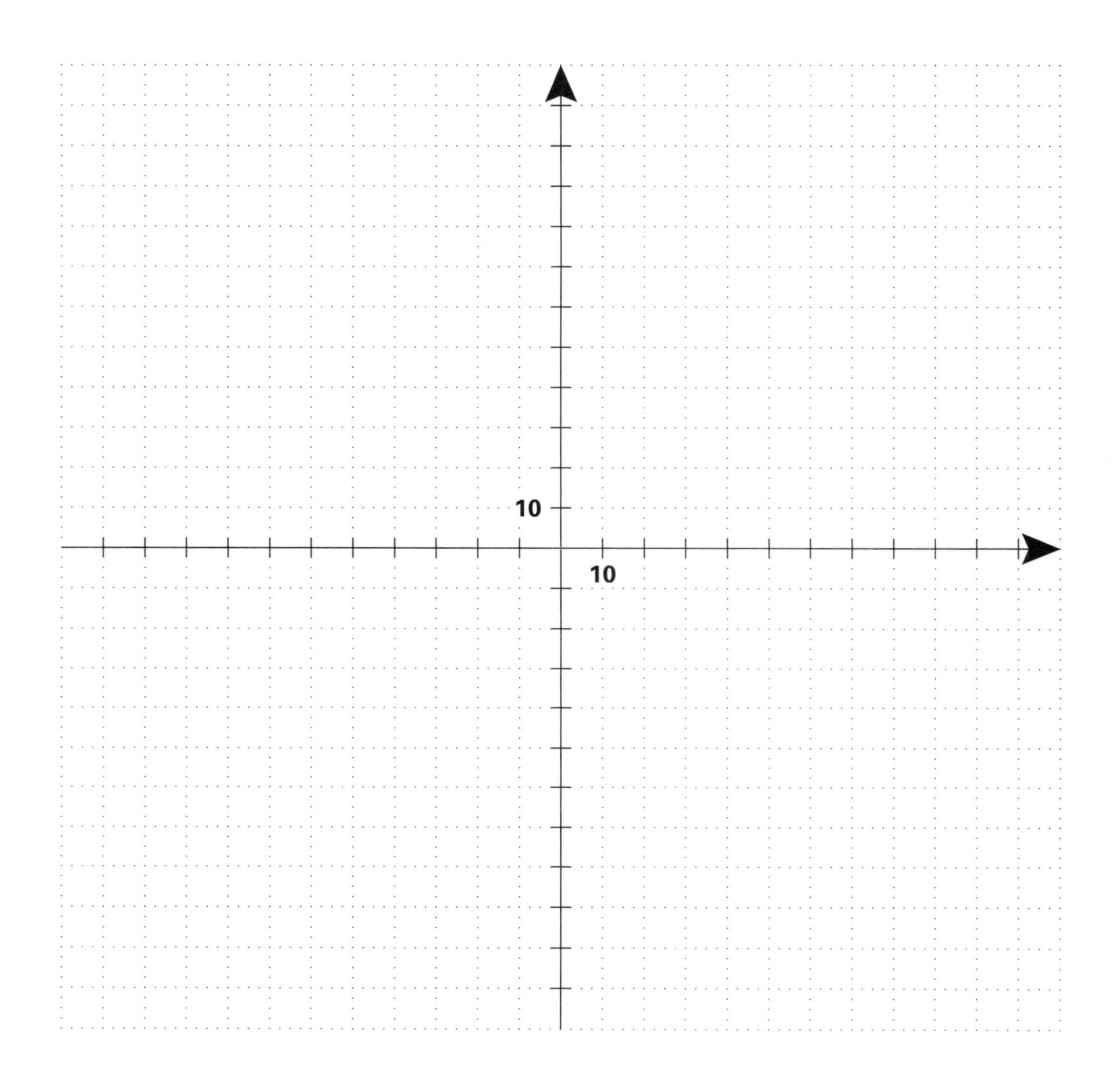

Y a-t-il concordance avec le graphe de f_{11} que vous aviez redessiné sur le système d'axes intitulé « Allure du graphe de la fonction » ? __________

Y a-t-il des renseignements que vous avez obtenus algébriquement et que votre première étude graphique ne vous avait pas permis de découvrir ?

____

____

Fonction $f_{12}(x) = \sqrt{4900 - x^2}$

Allure du graphe de la fonction…

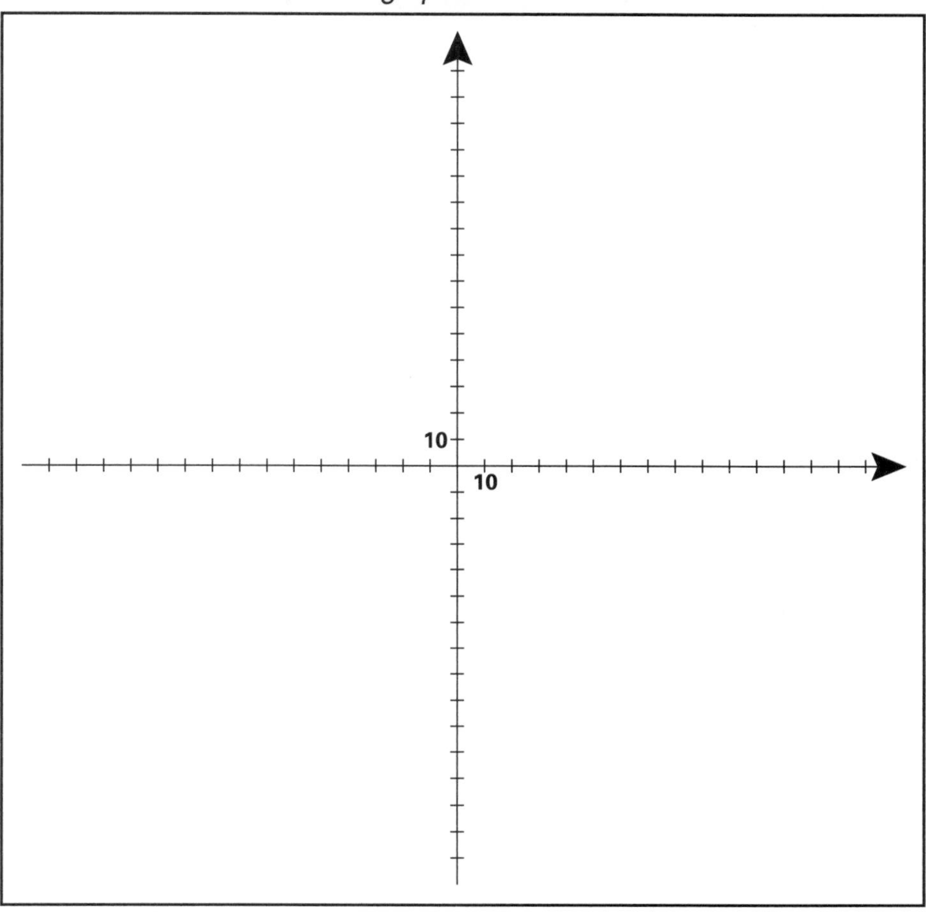

Allure de la fonction dérivée…

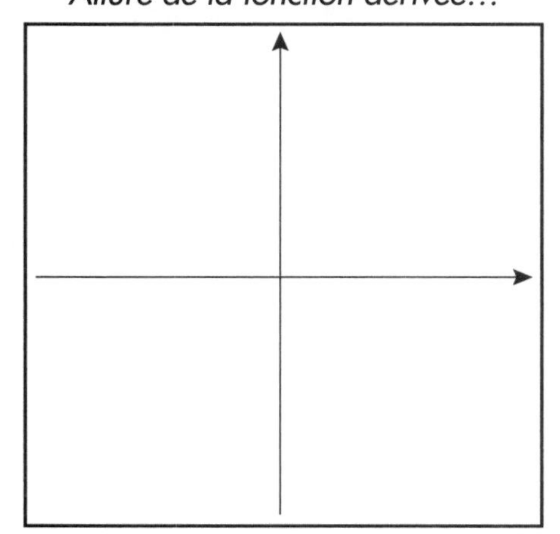

Intersections avec les axes…

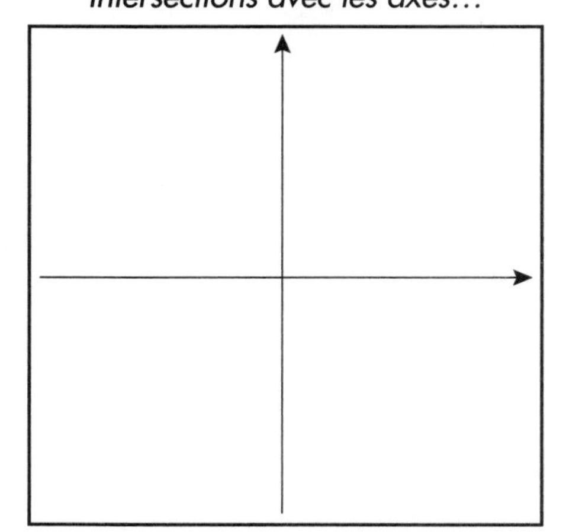

Fonction $f_{12}(x) = \sqrt{4900 - x^2}$

Bloc 1L

1L.1 Y a-t-il des valeurs réelles pour lesquelles vous n'obtenez pas d'images par f_{12}?

Si oui, lesquelles? ____________________

(En laboratoire, ces valeurs sont celles pour lesquelles la procédure COUPLE utilisée avec $F12$ ne retourne pas de résultat.)

1L.2 Domaine de $f_{12}(x)$ = ____________

1L.3 Des points intéressants: les intersections avec les axes.

Ordonnée à l'origine: ____________ ... point correspondant: (______, ______)

Zéro(s) ou racine(s): ____________ ... point(s) correspondant(s): (______, ______)

(______, ______)

Point maximum de la fonction: (______, ______)

1L.4 Placez les points que vous venez de trouver sur le système d'axes intitulé «Intersections avec les axes».

Bloc 2L

2L.1 Quelles sont les particularités du graphe que vous observez à l'écran?

____

____

____

2L.2 Si vous travaillez en laboratoire, redessinez sur le système d'axes intitulé «Allure du graphe de la fonction» ce que vous voyez à l'écran.

2L.3 Les renseignements trouvés au bloc 1L concordent-ils avec le graphe que vous venez d'obtenir?

____

3L.1 Étude de la fonction autour de $x = -70$.

- Si vous travaillez en laboratoire, les procédures LIMITEG et LIMITED vous ont permis d'étudier numériquement le comportement de la fonction à gauche et à droite de $x = -70$. Voyons ce que vous avez obtenu …
- Si vous ne travaillez pas en laboratoire, vous avez examiné graphiquement le comportement de la fonction à l'exercice 7 de la section 2.4. Voyons ce que vous avez obtenu …

S'il y a lieu, vos résultats numériques et le graphe de la fonction concordent-ils? __________

Plus x s'approche de -70 par la gauche, plus $f_{12}(x)$ s'approche de __________ c.-à-d. $\lim_{x \to -70_-} f_{12}(x)$ __________

Plus x s'approche de -70 par la droite, plus $f_{12}(x)$ s'approche de __________ c.-à-d. $\lim_{x \to -70_+} f_{12}(x)$ __________

Vous pouvez conclure que $\lim_{x \to -70} f_{12}(x)$ __________

3.1 Évaluez algébriquement les limites suivantes:

a) $\lim_{x \to -70} \sqrt{4900 - x^2} =$

b) $\lim_{x \to 40} \sqrt{4900 - x^2} =$

c) $\lim_{x \to 70} \sqrt{4900 - x^2} =$

Y a-t-il concordance entre ces résultats algébriques, le graphe de la fonction et, s'il y a lieu, les calculs numériques de limites du bloc 3L? ____________________

3.2 Graphiquement, c'est-à-dire en examinant l'allure du graphe de la fonction que vous avez déjà redessiné, trouvez-vous des discontinuités?

Si oui, pour quelles valeurs de x? (Faites des approximations si nécessaire.) ______________

3.3 Recherche algébrique des discontinuités.

Candidats au poste de discontinuité: ____________________

«Élection» pour chacun des candidats:
Vérifiez, si nécessaire, les trois conditions de la définition de la continuité en un point, page 187 du manuel. Si certaines limites algébriques utiles à l'élection ont déjà été évaluées, rapportez vos résultats. Sinon, évaluez-les...

Pour __________:

Pour __________:

Conclusion: ____

4L.1 Étude de la fonction aux extrémités de l'axe des x.

- Si vous travaillez en laboratoire, les procédures LIM'INFINI, LIM'MS'INF vous ont permis d'étudier numériquement le comportement de la fonction lorsque x tend vers $+\infty$ et lorsque x tend vers $-\infty$. Voyons ce que vous avez obtenu …
- Si vous ne travaillez pas en laboratoire, vous avez examiné graphiquement ces comportements à l'exercice 7 de la section 2.13. Voyons ce que vous avez obtenu …

Ces résultats numériques et le graphe de la fonction concordent-ils? __________

Plus x s'approche de $+\infty$,
plus $f_{12}(x)$ s'approche de ________________ c.-à-d. $\lim_{x\to+\infty} f_{12}(x)$ ________________

Plus x s'approche de $-\infty$,
plus $f_{12}(x)$ s'approche de ________________ c.-à-d. $\lim_{x\to-\infty} f_{12}(x)$ ________________

4.1 Évaluez algébriquement les limites suivantes:

a) $\lim_{x\to+\infty} \sqrt{4900 - x^2} =$

b) $\lim_{x\to-\infty} \sqrt{4900 - x^2} =$

Y a-t-il concordance entre ces résultats algébriques, le graphe de la fonction et les calculs numériques de limites du bloc 4L? ______________

4.2 Recherche algébrique d'asymptotes horizontales.

Il faut évaluer les limites suivantes: ______________________

Or, vous avez déjà évalué ces limites algébriquement. Vous avez obtenu:

____

Tirez vos conclusions en écrivant, s'il y a lieu, les équations des asymptotes horizontales et en indiquant la (les) région(s) où chacune joue son rôle.

____

Bloc 5L

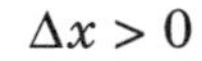

5L.1

- Si vous travaillez en laboratoire, la procédure SÉCANTES vous a permis de rechercher les droites candidates au poste de tangente à la courbe de f_{12} au point d'abscisse $x = 0$ avec un écart $\Delta x > 0$ et avec un écart $\Delta x < 0$. Vous y avez de plus estimé la valeur limite de leur pente. Voyons ce que vous avez obtenu …
- Si vous ne travaillez pas en laboratoire, vous pourriez rechercher graphiquement les droites candidates au poste de tangente à la courbe de f_{12} au point d'abscisse $x = 0$ avec un écart $\Delta x > 0$ et avec un écart $\Delta x < 0$, comme au numéro 1 de la section 3.2. Ce serait un enrichissement.

$\Delta x > 0$

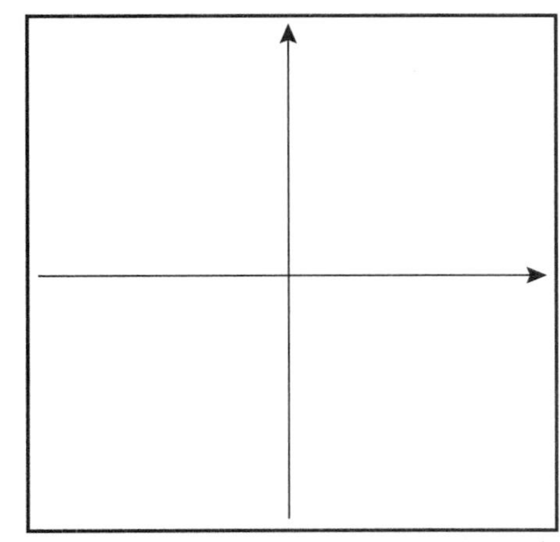

$\lim\limits_{\Delta x \to 0_+} m_{\text{sécante}} =$ __________

$\Delta x < 0$

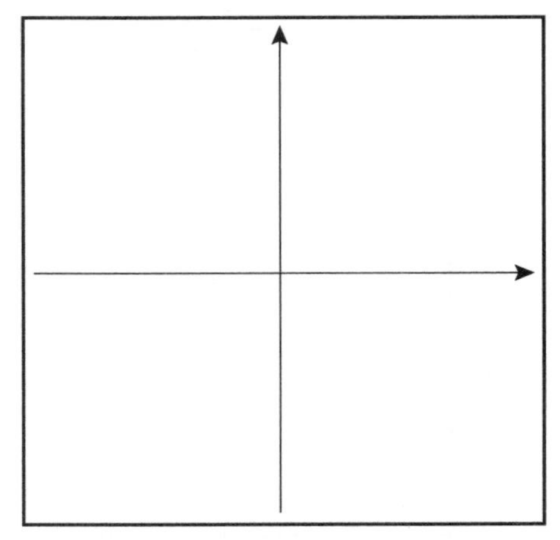

$\lim\limits_{\Delta x \to 0_-} m_{\text{sécante}} =$ __________

Ainsi, $m_{\text{tg en } (0,\, f_{12}(0))} = \lim\limits_{\Delta x \to 0} m_{\text{sécante}} =$ __________

Bloc 5

5.1 En utilisant la technique expliquée à la section 3.1.2 du manuel, esquissez le graphe de la fonction dérivée sur le système d'axes intitulé « Allure de la fonction dérivée », tel qu'on vous l'a demandé au numéro 18 de la section 3.2.

5.2 Dérivez algébriquement $f_{12}(x)$.

Évaluez $f_{12}'(0)$ ____________

Y a-t-il concordance avec le bloc 5L? _________

5.3 Graphiquement, que se passe-t-il de spécial pour $f_{12}(x)$ en $x = 0$?

Trouvez l'équation de la tangente à la courbe de $f_{12}(x)$ au point d'abscisse $x = 0$.

5.4 Soit $g(x) = -\sqrt{4900 - x^2}$.

Dessinez sur le même système d'axes les fonctions $g(x)$ et $f_{12}(x)$.

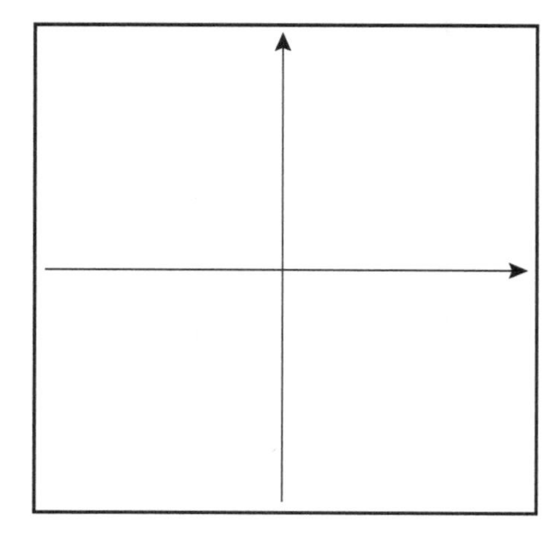

Qu'obtenez-vous comme figure?

Un point (x, y) qui appartient à cette courbe satisfait à l'équation ________________________.

Cette dernière équation représente-t-elle une fonction? ________________________

Bloc 5

5.5 Graphiquement, que se passe-t-il au sujet de la croissance de $f_{12}(x)$ pour $-70 < x < 0$?

____

Évaluez $f_{12}'(-60)$ ______________________ $f_{12}'(-40)$ ______________________

Ces valeurs de pente sont-elles négatives ou positives? ______________

En serait-il de même pour $f_{12}'(a)$, où $-70 < a < 0$? ______________

Graphiquement, que se passe-t-il au sujet de la croissance de $f_{12}(x)$ pour $0 < x < 70$?

____

Évaluez $f_{12}'(30)$ ______________________ $f_{12}'(60)$ ______________________

Les valeurs de ces pentes sont-elles négatives ou positives? ______________

En serait-il de même pour $f_{12}'(a)$, avec $0 < a < 70$? ______________

5.6 Étude algébrique de la croissance de $f_{12}(x)$.

Domaine de $f_{12}(x)$: ______________

Recherche des valeurs critiques de $f_{12}(x)$:

Tableau de signes de $f_{12}'(x)$

Signe de $f_{12}'(x)$	
Croissance de $f_{12}(x)$	

La dernière ligne du tableau concorde-t-elle avec le graphe de f_{12}? __________

6.1 Recherche d'un lien graphique entre le graphe de f_{12} et celui de sa dérivée.

Examinez le graphe de f_{12} (répondre en termes d'intervalles) :

- $f_{12}(x)$ semble être courbée vers le bas sur ____________________
- $f_{12}(x)$ semble être courbée vers le haut sur ____________________

Examinez la croissance-décroissance de f_{12}' sur le système d'axes intitulé « Allure de la fonction dérivée » pour les intervalles que vous venez de déterminer :

- Lorsque $f_{12}(x)$ est courbée vers le bas, $f_{12}'(x)$ est ____________________.
- Lorsque $f_{12}(x)$ est courbée vers le haut, $f_{12}'(x)$ est ____________________.

6.2 Trouvez l'expression algébrique de la dérivée seconde de $f_{12}(x)$.

6.3 Étude algébrique de la concavité de $f_{12}(x)$.

Domaine de $f_{12}(x)$: ____________________

Recherche des valeurs critiques de $f_{12}'(x)$:

Tableau de signes de $f_{12}''(x)$

Signe de $f_{12}''(x)$	
Concavité de $f_{12}(x)$	

La dernière ligne du tableau concorde-t-elle avec le graphe de f_{12}? __________

7.1 Étude algébrique complète de $f_{12}(x)$.

En relisant les résultats algébriques que vous avez obtenus dans les blocs précédents, construisez le tableau-synthèse de la fonction.

Signe de $f_{12}'(x)$	
Signe de $f_{12}''(x)$	
Graphe de $f_{12}(x)$	

7.2 Tracez à la main le graphe correspondant au tableau-synthèse obtenu en 7.1.

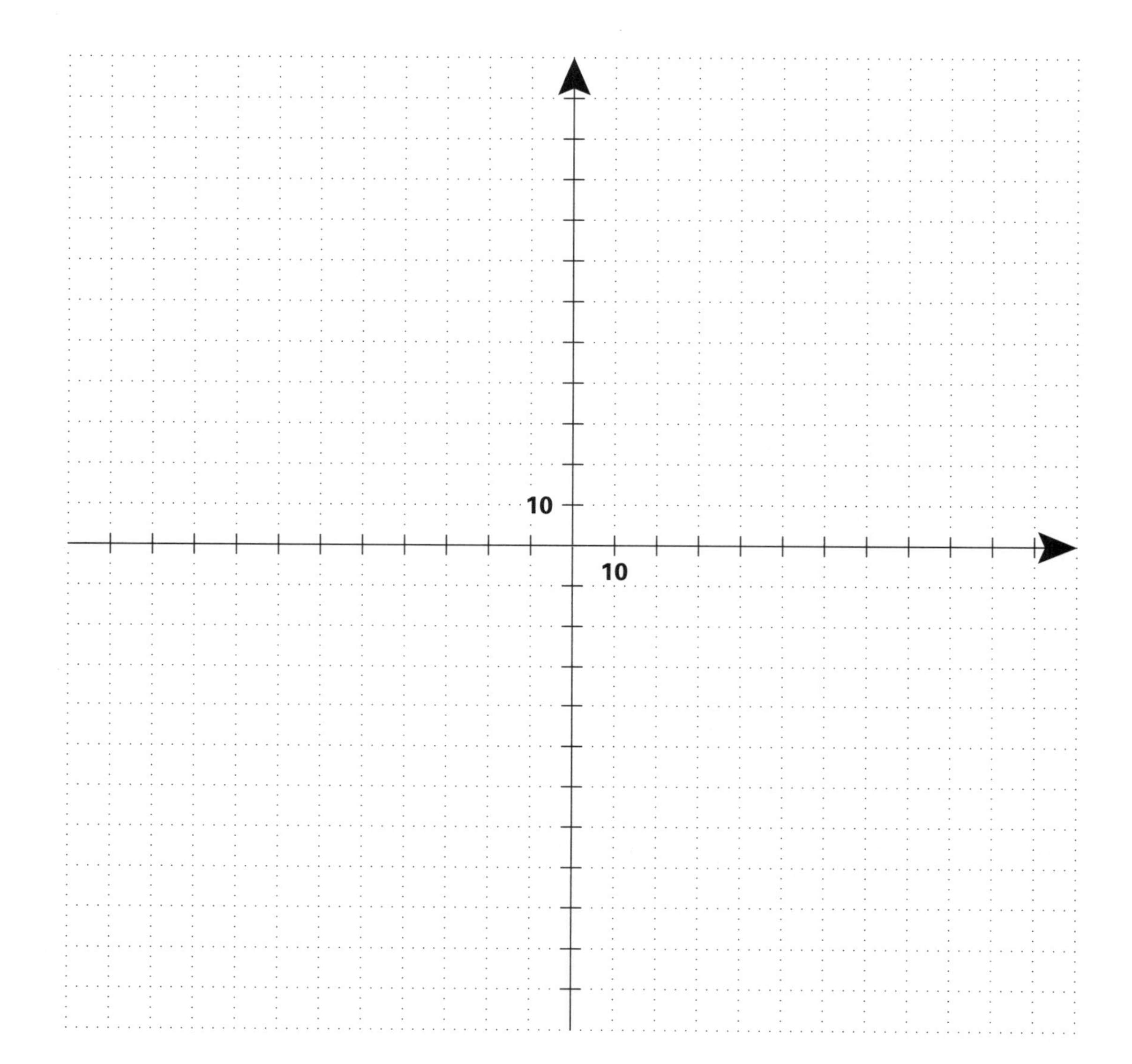

Y a-t-il concordance avec le graphe de f_{12} que vous aviez redessiné sur le système d'axes intitulé « Allure du graphe de la fonction » ? __________

Y a-t-il des renseignements que vous avez obtenus algébriquement et que votre première étude graphique ne vous avait pas permis de découvrir ?

____

____

Fonction $f_{13}(x) = \sqrt{x^2 - 4900}$

Allure du graphe de la fonction…

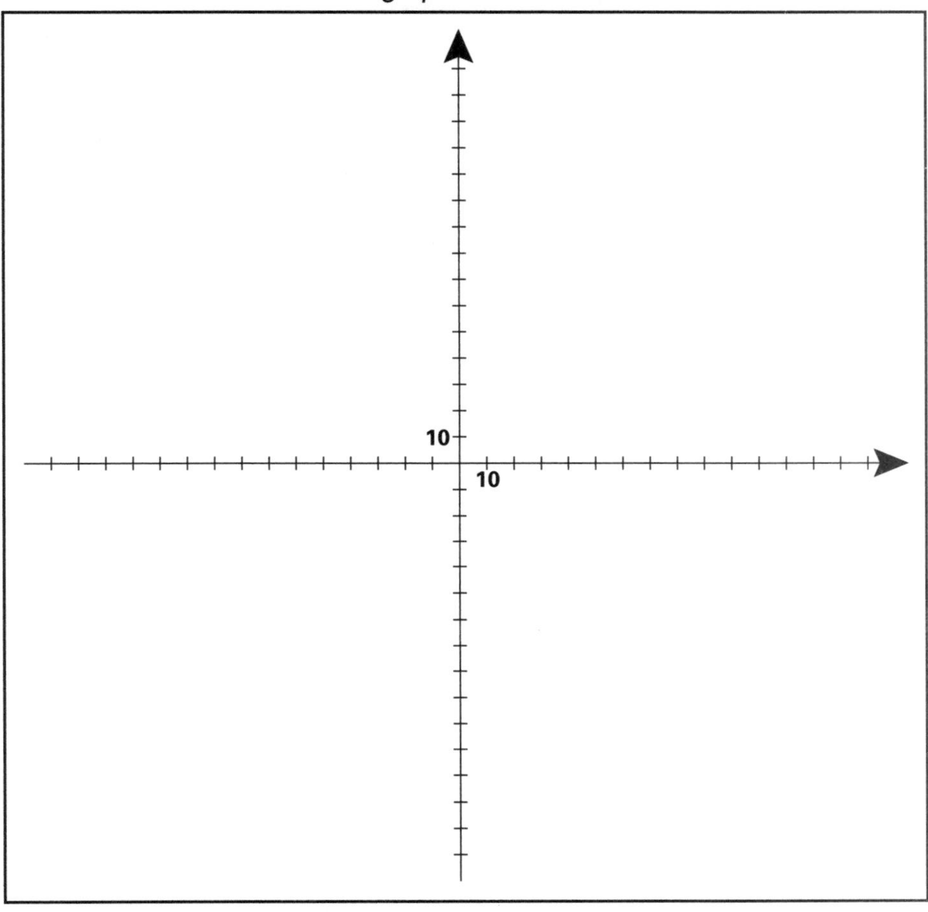

Allure de la fonction dérivée…

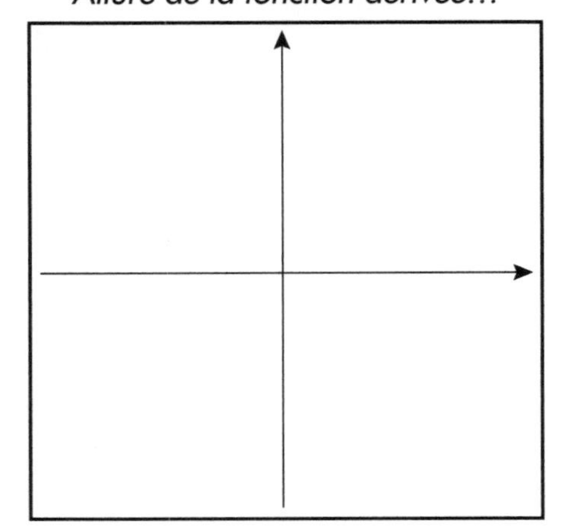

Intersections avec les axes…

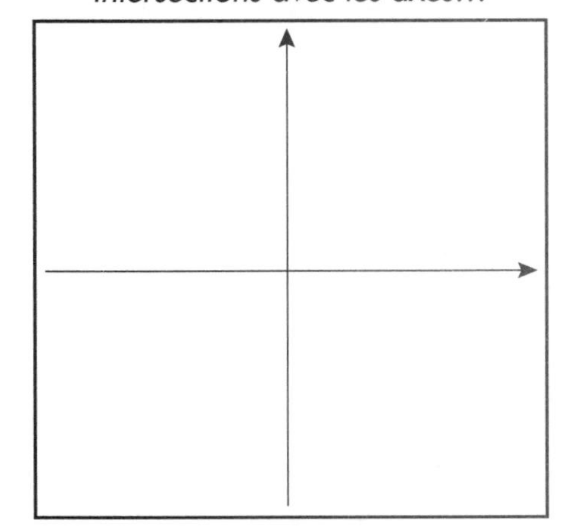

Fonction $f_{13}(x) = \sqrt{x^2 - 4900}$

Bloc P

P.1 En logo, quelle ligne d'action décrit l'expression algébrique de cette fonction?

____

____

Bloc 1L

1L.1 Y a-t-il des valeurs réelles pour lesquelles vous n'obtenez pas d'images par f_{13}?

Si oui, lesquelles? ______________________________

(En laboratoire, ces valeurs sont celles pour lesquelles la procédure COUPLE utilisée avec $F13$ ne retourne pas de résultat.)

1L.2 Domaine de $f_{13}(x)$ = ______________

1L.3 Des points intéressants : les intersections avec les axes.

Ordonnée à l'origine : ______________ ... point correspondant : (______, _____)

Zéro(s) ou racine(s) : ______________ ... point(s) correspondant(s) : (______, _____)

(______, _____)

1L.4 Placez les points que vous venez de trouver sur le système d'axes intitulé « Intersections avec les axes ».

2L.1 Quelles sont les particularités du graphe que vous observez à l'écran?

____

____

____

2L.2 Si vous travaillez en laboratoire, redessinez sur le système d'axes intitulé « Allure du graphe de la fonction » ce que vous voyez à l'écran.

2L.3 Les renseignements trouvés au bloc 1L concordent-ils avec le graphe que vous venez d'obtenir?

____

3L.1 Étude de la fonction autour de $x = -70$.

- Si vous travaillez en laboratoire, les procédures LIMITEG et LIMITED vous ont permis d'étudier numériquement le comportement de la fonction à gauche et à droite de $x = -70$. Voyons ce que vous avez obtenu …
- Si vous ne travaillez pas en laboratoire, vous avez examiné numériquement et graphiquement le comportement de la fonction à gauche et à droite de $x = -70$ aux exercices 6 et 7 de la section 2.4. Voyons ce que vous avez obtenu …

Vos résultats numériques et le graphe de la fonction concordent-ils? __________

Plus x s'approche de -70 par la gauche,
plus $f_{13}(x)$ s'approche de __________________ c.-à-d. $\lim_{x \to -70_-} f_{13}(x)$ __________________

Plus x s'approche de -70 par la droite,
plus $f_{13}(x)$ s'approche de __________________ c.-à-d. $\lim_{x \to -70_+} f_{13}(x)$ __________________

Vous pouvez conclure que $\lim_{x \to -70} f_{13}(x)$ __________________

3.1 Évaluez algébriquement les limites suivantes :

a) $\lim_{x \to -70} \sqrt{x^2 - 4900} =$

b) $\lim_{x \to 100} \sqrt{x^2 - 4900} =$

c) $\lim\limits_{x \to 70} \sqrt{x^2 - 4900} =$

Y a-t-il concordance entre ces résultats algébriques, le graphe de la fonction et, s'il y a lieu, les calculs numériques de limites du bloc 3L? ____________________

3.2 Recherche algébrique d'asymptotes verticales.

Candidats au poste d'asymptotes verticales: ____________________, car ____________________

4L.1 Étude de la fonction aux extrémités de l'axe des x.

- Si vous travaillez en laboratoire, les procédures LIM'INFINI, LIM'MS'INF vous ont permis d'étudier numériquement le comportement de la fonction lorsque x tend vers $+\infty$ et lorsque x tend vers $-\infty$. Voyons ce que vous avez obtenu …
- Si vous ne travaillez pas en laboratoire, vous avez examiné graphiquement ces comportements à l'exercice 7 de la section 2.13. Voyons ce que vous avez obtenu …

Ces résultats numériques et le graphe de la fonction concordent-ils? __________

Plus x s'approche de $+\infty$,
plus $f_{13}(x)$ s'approche de ____________________ c.-à-d. $\lim\limits_{x \to +\infty} f_{13}(x)$ ____________________

Plus x s'approche de $-\infty$,
plus $f_{13}(x)$ s'approche de ____________________ c.-à-d. $\lim\limits_{x \to -\infty} f_{13}(x)$ ____________________

4.1 Évaluez algébriquement les limites suivantes :

a) $\lim\limits_{x \to +\infty} \sqrt{x^2 - 4900} =$

b) $\lim\limits_{x \to -\infty} \sqrt{x^2 - 4900} =$

Y a-t-il concordance entre ces résultats algébriques, le graphe de la fonction et les calculs numériques de limites du bloc 4L ? ______________

4.2 Recherche algébrique d'asymptotes horizontales.

Il faut évaluer les limites suivantes : ______________________________

Or, vous avez déjà évalué ces limites algébriquement. Vous avez obtenu :

____

Tirez vos conclusions en écrivant, s'il y a lieu, les équations des asymptotes horizontales et en indiquant la (les) région(s) où chacune joue son rôle.

____

Si vous avez trouvé des asymptotes horizontales, dessinez-les en pointillé sur le système d'axes intitulé « Allure du graphe de la fonction ».

Bloc 5L

5L.1

- Si vous travaillez en laboratoire, la procédure SÉCANTES vous a permis de rechercher les droites candidates au poste de tangente à la courbe de f_{13} au point d'abscisse $x = 70$ avec un écart $\Delta x > 0$ et avec un écart $\Delta x < 0$. Vous y avez de plus estimé la valeur limite de leur pente. Voyons ce que vous avez obtenu...
- Si vous ne travaillez pas en laboratoire, vous avez recherché graphiquement les droites candidates au poste de tangente à la courbe de f_{13} au point d'abscisse $x = 70$ avec un écart $\Delta x > 0$ et avec un écart $\Delta x < 0$ au numéro 1 de la section 3.2. Faute de temps, nous ne vous avons pas demandé d'estimer la pente de ces droites. Voyons ce que vous avez obtenu...

$\Delta x > 0$

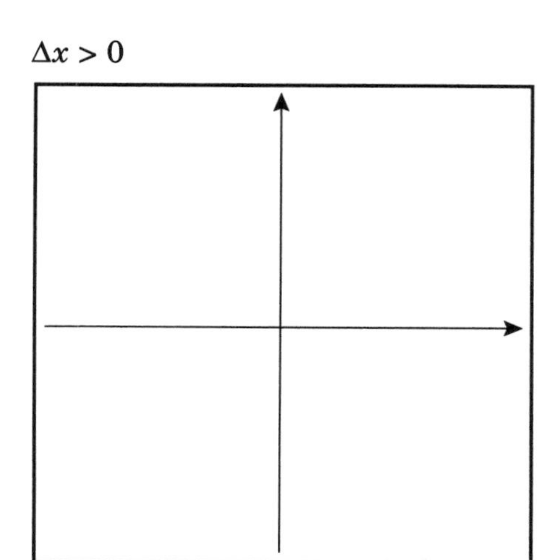

$\Delta x < 0$

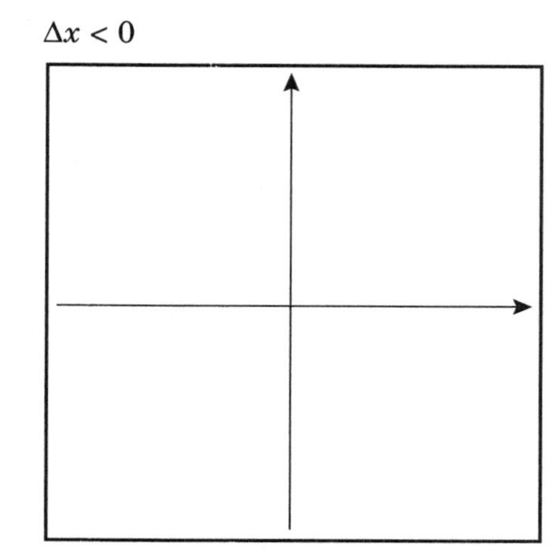

$\lim_{\Delta x \to 0_+} m_{\text{sécante}} =$ ________

$\lim_{\Delta x \to 0_-} m_{\text{sécante}} =$ ________

Ainsi, $m_{\text{tg en } (70,\ f_{13}(70))} = \lim_{\Delta x \to 0} m_{\text{sécante}} =$ ________

Bloc 5

5.1 En utilisant la technique expliquée à la section 3.1.2 du manuel, esquissez le graphe de la fonction dérivée sur le système d'axes intitulé « Allure de la fonction dérivée », tel qu'on vous l'a demandé au numéro 18 de la section 3.2.

5.2 Dérivez algébriquement $f_{13}(x)$.

Évaluez $f_{13}'(70)$ ____________

Y a-t-il concordance avec le bloc 5L? _________

5.3 Graphiquement, que se passe-t-il au sujet de la croissance de $f_{13}(x)$ pour $x < -70$?

____

Évaluez $f_{13}'(-90)$ ____________________ $f_{13}'(-80)$ ____________________

Ces valeurs de pente sont-elles négatives ou positives? ________________

En serait-il de même pour $f_{13}'(a)$ si $x < -70$? ________________

Graphiquement, que se passe-t-il au sujet de la croissance de $f_{13}(x)$ pour $x > 70$?

____

Évaluez $f_{13}'(90)$ ____________________ $f_{13}'(180)$ ____________________

Ces valeurs de pente sont-elles négatives ou positives? ________________

En serait-il de même pour $f_{13}'(a)$ si $a > 70$? ________________

5.4 Étude algébrique de la croissance de $f_{13}(x)$.

Domaine de $f_{13}(x)$: ____________________

Recherche des valeurs critiques de $f_{13}(x)$:

Tableau de signes de $f_{13}'(x)$

Signe de $f_{13}'(x)$	
Croissance de $f_{13}(x)$	

La dernière ligne du tableau concorde-t-elle avec le graphe de f_{13}? __________

6.1 Recherche d'un lien graphique entre le graphe de f_{13} et celui de sa dérivée :

Examinez le graphe de f_{13} (répondre en termes d'intervalles) :

- $f_{13}(x)$ semble être courbée vers le bas sur ______________________
- $f_{13}(x)$ semble être courbée vers le haut sur ______________________

Examinez la croissance-décroissance de f_{13}' sur le système d'axes intitulé « Allure de la fonction dérivée » pour les intervalles que vous venez de déterminer :

- Lorsque $f_{13}(x)$ est courbée vers le bas, $f_{13}'(x)$ est ______________________.
- Lorsque $f_{13}(x)$ est courbée vers le haut, $f_{13}'(x)$ est ______________________.

6.2 Trouvez l'expression algébrique de la dérivée seconde de $f_{13}(x)$.

6.3 Étude algébrique de la concavité de $f_{13}(x)$.

Domaine de $f_{13}(x)$: ____________________

Recherche des valeurs critiques de $f_{13}'(x)$:

Tableau de signes de $f_{13}''(x)$

Signe de $f_{13}''(x)$	
Concavité de $f_{13}(x)$	

La dernière ligne du tableau concorde-t-elle avec le graphe de f_{13} ? __________

7.1 Étude algébrique complète de $f_{13}(x)$.

En relisant les résultats algébriques que vous avez obtenus dans les blocs précédents, construisez le tableau-synthèse de la fonction.

Signe de $f_{13}'(x)$	
Signe de $f_{13}''(x)$	
Graphe de $f_{13}(x)$	

7.2 Tracez à la main le graphe correspondant au tableau-synthèse obtenu en 7.1.

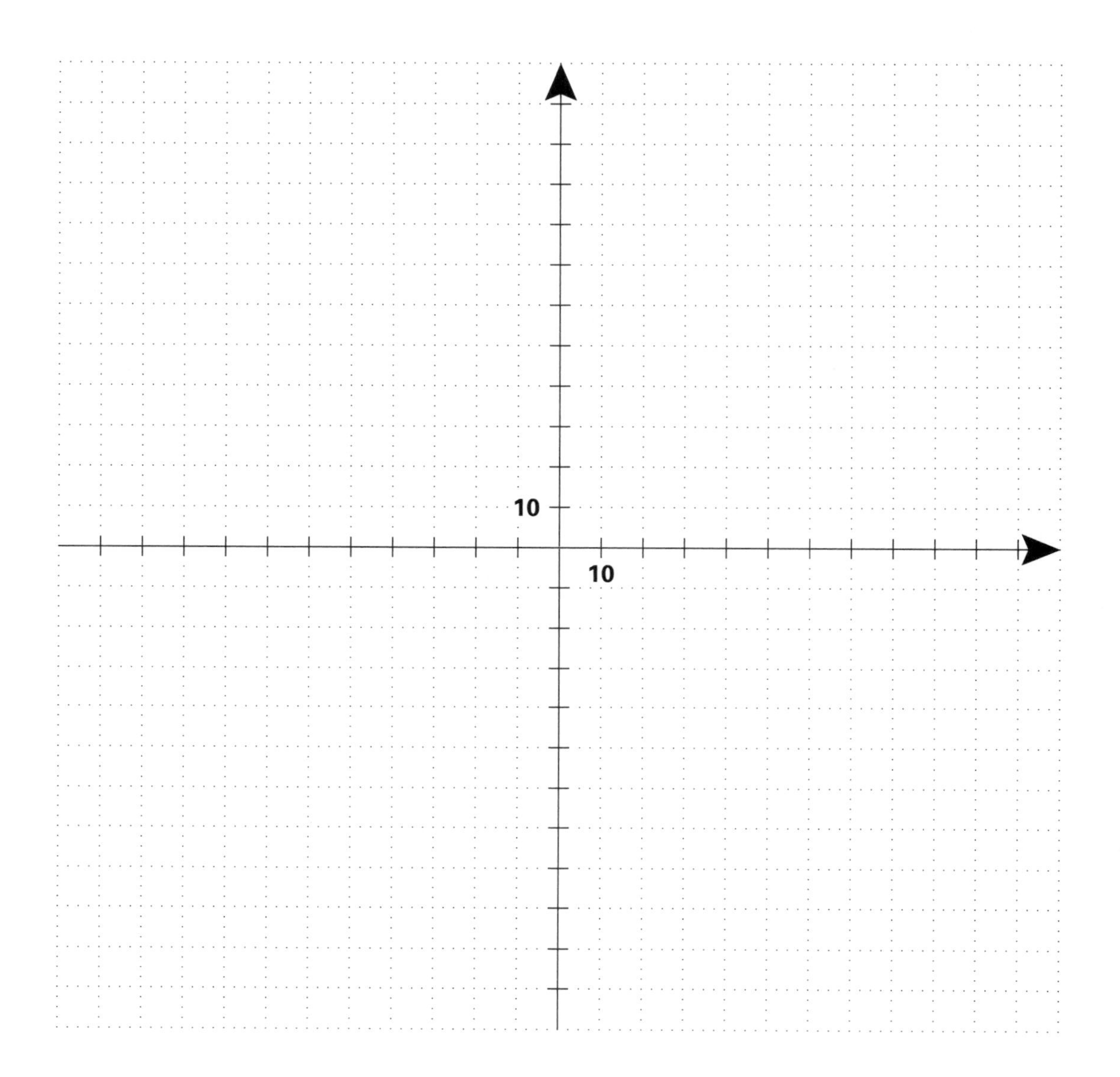

Y a-t-il concordance avec le graphe de f_{13} que vous aviez redessiné sur le système d'axes intitulé « Allure du graphe de la fonction » ? __________

Y a-t-il des renseignements que vous avez obtenus algébriquement et que votre première étude graphique ne vous avait pas permis de découvrir ?

____

____

Fonction $f_{14}(x) = 0,2\left(x(40 - x)^2\right)^{\frac{1}{2}}$

Allure du graphe de la fonction…

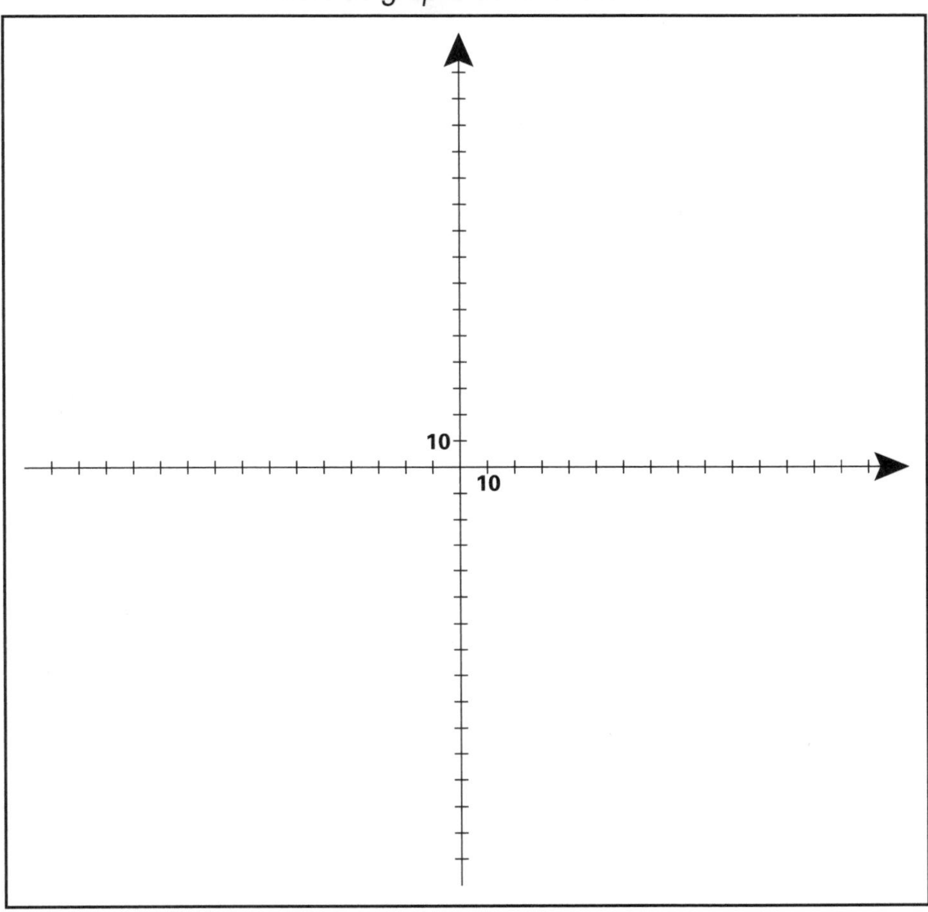

Allure de la fonction dérivée…

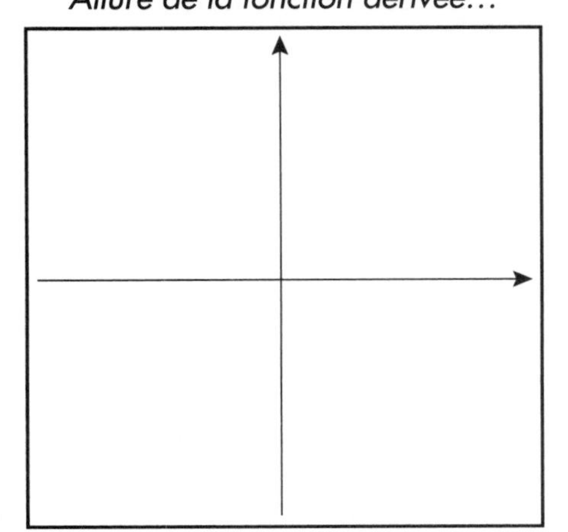

Intersections avec les axes…

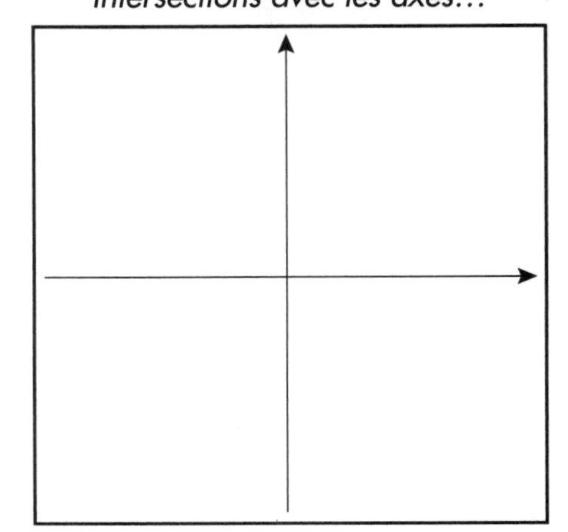

Fonction $f_{14}(x) = 0,2\left(x(40 - x)^2\right)^{\frac{1}{2}}$

Bloc 1L

1L.1 Y a-t-il des valeurs réelles pour lesquelles vous n'obtenez pas d'images par f_{14}?

Si oui, lesquelles? ______________________________

(En laboratoire, ces valeurs sont celles pour lesquelles la procédure COUPLE utilisée avec $F14$ ne retourne pas de résultat.)

1L.2 Domaine de $f_{14}(x)$ = ____________

1L.3 Des points intéressants : les intersections avec les axes.

Ordonnée à l'origine : ______________ ... point correspondant : (_____, _____)

Zéro(s) ou racine(s) : ______________ ... point(s) correspondant(s) : (_____, _____)

(_____, _____)

1L.4 Placez les points que vous venez de trouver sur le système d'axes intitulé « Intersections avec les axes ».

Bloc 2L

2L.1 Quelles sont les particularités du graphe que vous observez à l'écran?

____

____

____

2L.2 Si vous travaillez en laboratoire, redessinez sur le système d'axes intitulé « Allure du graphe de la fonction » ce que vous voyez à l'écran.

2L.3 Les renseignements trouvés au bloc 1L concordent-ils avec le graphe que vous venez d'obtenir?

____

3L.1 Étude de la fonction autour de $x = 40$.

- Si vous travaillez en laboratoire, les procédures LIMITEG et LIMITED vous ont permis d'étudier numériquement le comportement de la fonction à gauche et à droite de $x = 40$. Voyons ce que vous avez obtenu …
- Si vous ne travaillez pas en laboratoire, vous avez examiné graphiquement le comportement de la fonction à l'exercice 7 de la section 2.4.

S'il y a lieu, vos résultats numériques et le graphe de la fonction concordent-ils ? ____________

Plus x s'approche de 40 par la gauche,
plus $f_{14}(x)$ s'approche de ____________________ c.-à-d. $\lim\limits_{x \to 40_-} f_{14}(x)$ ____________________

Plus x s'approche de 40 par la droite,
plus $f_{14}(x)$ s'approche de ____________________ c.-à-d. $\lim\limits_{x \to 40_+} f_{14}(x)$ ____________________

Vous pouvez conclure que $\lim\limits_{x \to 40} f_{14}(x)$ ____________________

Bloc 3

3.1 Évaluez algébriquement les limites suivantes :

a) $\lim\limits_{x \to 40} 0,2\left(x(40-x)^2\right)^{\frac{1}{2}} =$

b) $\lim\limits_{x\to 0} 0,2\left(x(40-x)^2\right)^{\frac{1}{2}} =$

c) $\lim\limits_{x\to 20} 0,2\left(x(40-x)^2\right)^{\frac{1}{2}} =$

Y a-t-il concordance entre ces résultats algébriques, le graphe de la fonction et, s'il y a lieu, les calculs numériques de limites du bloc 3L? ____________________

3.2 Recherche algébrique d'asymptotes verticales.

Candidats au poste d'asymptotes verticales: ____________________, car ____________________

4L.1 Étude de la fonction aux extrémités de l'axe des x.

- Si vous travaillez en laboratoire, les procédures LIM'INFINI, LIM'MS'INF vous ont permis d'étudier numériquement le comportement de la fonction lorsque x tend vers $+\infty$ et lorsque x tend vers $-\infty$. Voyons ce que vous avez obtenu …
- Si vous ne travaillez pas en laboratoire, vous avez examiné graphiquement ces comportements à l'exercice 7 de la section 2.13. Voyons ce que vous avez obtenu …

S'il y a lieu, vos résultats numériques et le graphe de la fonction concordent-ils? ___________

Plus x s'approche de $+\infty$,
plus $f_{14}(x)$ s'approche de ________________ c.-à-d. $\lim_{x \to +\infty} f_{14}(x)$ ________________

Plus x s'approche de $-\infty$,
plus $f_{14}(x)$ s'approche de ________________ c.-à-d. $\lim_{x \to -\infty} f_{14}(x)$ ________________

4.1 Évaluez algébriquement les limites suivantes:

a) $\lim_{x \to +\infty} 0,2\left(x(40-x)^2\right)^{\frac{1}{2}} =$

b) $\lim_{x \to -\infty} 0,2\left(x(40-x)^2\right)^{\frac{1}{2}} =$

Y a-t-il concordance entre ces résultats algébriques, le graphe de la fonction et les calculs numériques de limites du bloc 4L? ____________

4.2 Recherche algébrique d'asymptotes horizontales.

Il faut évaluer les limites suivantes: ________________________

Or, vous avez déjà évalué ces limites algébriquement. Vous avez obtenu:

____

Tirez vos conclusions en écrivant, s'il y a lieu, les équations des asymptotes horizontales et en indiquant la (les) région(s) où chacune joue son rôle.

Si vous avez trouvé des asymptotes horizontales, dessinez-les en pointillé sur le système d'axes intitulé « Allure du graphe de la fonction ».

Bloc 5L

5L.1

- Si vous travaillez en laboratoire, la procédure SÉCANTES vous a permis de rechercher les droites candidates au poste de tangente à la courbe de f_{14} au point d'abscisse $x = 50$ avec un écart $\Delta x > 0$ et avec un écart $\Delta x < 0$. Vous y avez de plus estimé la valeur limite de leur pente. Voyons ce que vous avez obtenu …
- Si vous ne travaillez pas en laboratoire, vous pourriez rechercher graphiquement les droites candidates au poste de tangente à la courbe de f_{14} au point d'abscisse $x = 50$ avec un écart $\Delta x > 0$ et avec un écart $\Delta x < 0$, comme au numéro 1 de la section 3.2. Ce serait un enrichissement.

$\Delta x > 0$

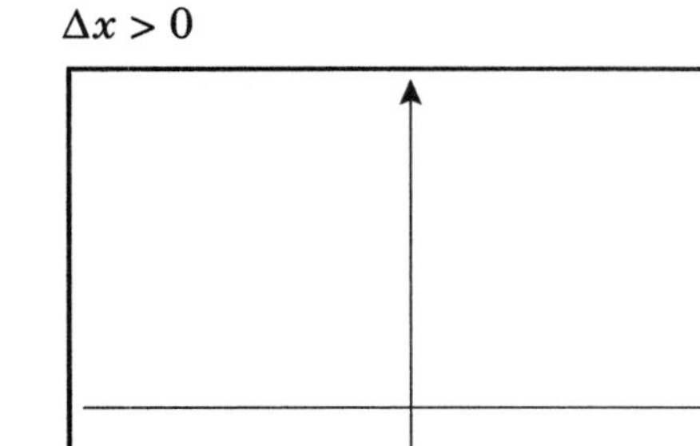

$\Delta x < 0$

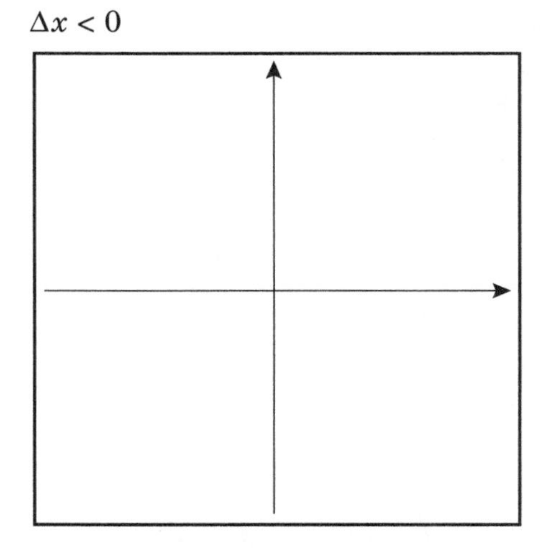

$\lim_{\Delta x \to 0_+} m_{\text{sécante}} =$ ____________

$\lim_{\Delta x \to 0_-} m_{\text{sécante}} =$ ____________

Ainsi, $m_{\text{tg en } (50,\ f_{14}(50))} = \lim_{\Delta x \to 0} m_{\text{sécante}} =$ ____________

5L.2 D'après vous, si nous avions calculé la valeur de pente de la tangente en $x = 90$, aurions-nous obtenu une valeur supérieure ou inférieure à la valeur de la pente de la tangente en $x = 50$?

5.1 En utilisant la technique expliquée à la section 3.1.2 du manuel, esquissez le graphe de la fonction dérivée sur le système d'axes intitulé « Allure de la fonction dérivée », tel qu'on vous l'a demandé au numéro 18 de la section 3.2.

5.2 Dérivez algébriquement $f_{14}(x)$.

Évaluez : $f_{14}'(50)$ ______________

$f_{14}'(70)$ ______________

$f_{14}'(90)$ ______________

Y a-t-il concordance avec le bloc 5L ? __________

5.3 Graphiquement, que se passe-t-il de spécial en $(40, f_{14}(40))$? ______________________________

____

Graphiquement, comment se comporte la courbure du graphe de $f_{14}(x)$ pour $x > 40$?

____

Si on examine les valeurs de pente des tangentes à la courbe pour $x > 40$, c'est-à-dire les valeurs prises par $f_{14}'(x)$ pour $x > 40$, que pouvons-nous dire au sujet de la croissance de $f_{14}'(x)$ sur cet intervalle ? ______________________________

____

5.4 Étude algébrique de la croissance de $f_{14}(x)$.

Domaine de $f_{14}(x)$: ____________________

Recherche des valeurs critiques de $f_{14}(x)$:

Tableau de signes de $f_{14}'(x)$

Signe de $f_{14}'(x)$	
Croissance de $f_{14}(x)$	

La dernière ligne du tableau concorde-t-elle avec le graphe de f_{14} ? __________

6.1 Recherche d'un lien graphique entre le graphe de f_{14} et celui de sa dérivée.

Examinez le graphe de f_{14} (répondre en termes d'intervalles) :

- $f_{14}(x)$ semble être courbée vers le bas sur ____________________
- $f_{14}(x)$ semble être courbée vers le haut sur ____________________

Examinez la croissance-décroissance de f_{14}' sur le système d'axes intitulé « Allure de la fonction dérivée » pour les intervalles que vous venez de déterminer :

- Lorsque $f_{14}(x)$ est courbée vers le bas, $f_{14}'(x)$ est ____________________.
- Lorsque $f_{14}(x)$ est courbée vers le haut, $f_{14}'(x)$ est ____________________.

6.2 Trouvez l'expression algébrique de la dérivée seconde de $f_{14}(x)$.

6.3 Étude algébrique de la concavité de $f_{14}(x)$.

Domaine de $f_{14}(x)$: ____________________

Recherche des valeurs critiques de $f_{14}'(x)$:

Tableau de signes de $f_{14}''(x)$

Signe de $f_{14}''(x)$	
Concavité de $f_{14}(x)$	

La dernière ligne du tableau concorde-t-elle avec le graphe de f_{14} ? __________

7.1 Étude algébrique complète de $f_{14}(x)$.

En relisant les résultats algébriques que vous avez obtenus dans les blocs précédents, construisez le tableau-synthèse de la fonction.

Signe de $f_{14}'(x)$	
Signe de $f_{14}''(x)$	
Graphe de $f_{14}(x)$	

7.2 Tracez à la main le graphe correspondant au tableau-synthèse obtenu en 7.1.

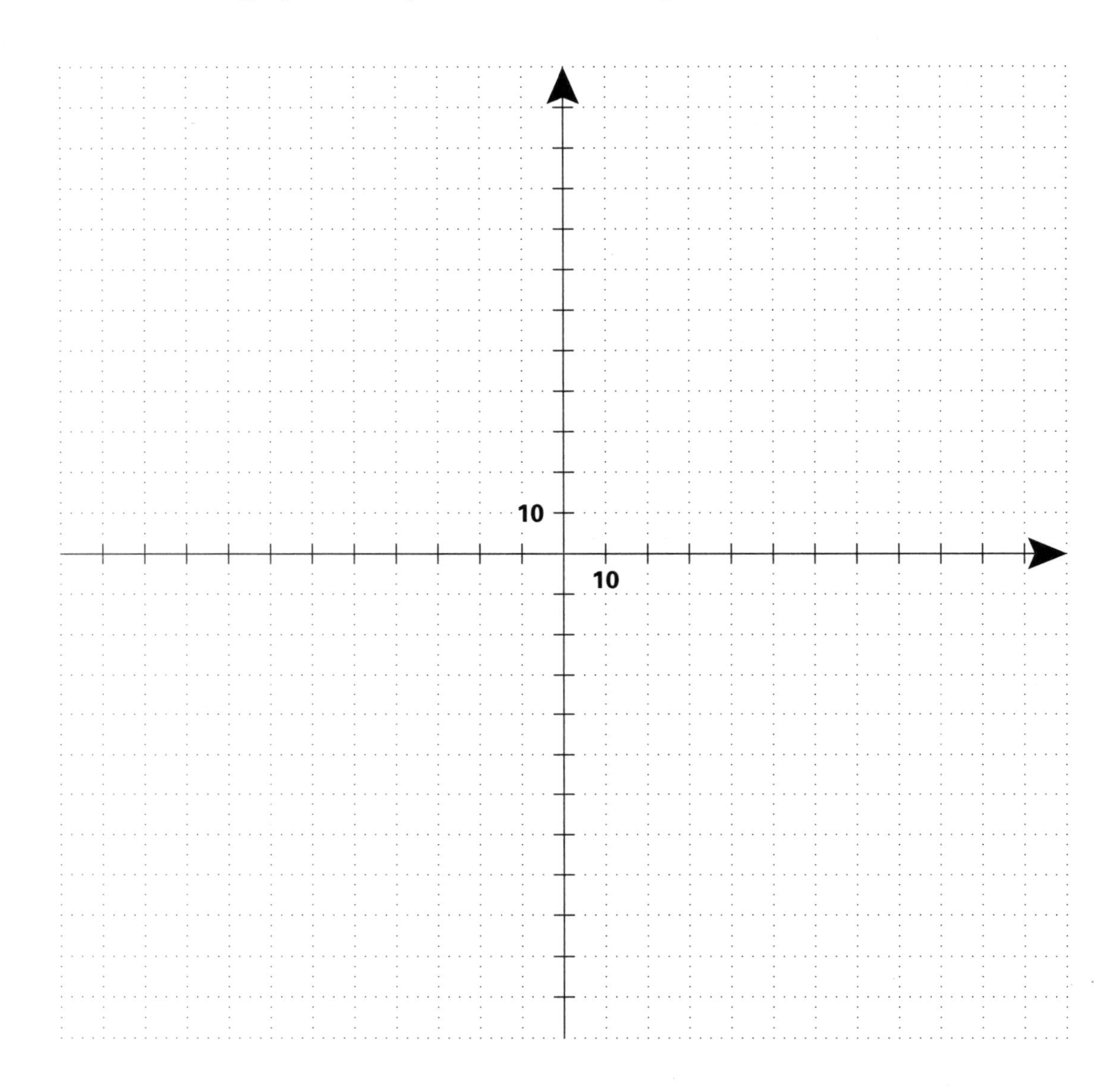

Y a-t-il concordance avec le graphe de f_{14} que vous aviez redessiné sur le système d'axes intitulé « Allure du graphe de la fonction » ? __________

Y a-t-il des renseignements que vous avez obtenus algébriquement et que votre première étude graphique ne vous avait pas permis de découvrir ?

____

____

Fonction $f_{15}(x) = \left(x^2(40 - x)\right)^{\frac{1}{3}}$

Allure du graphe de la fonction…

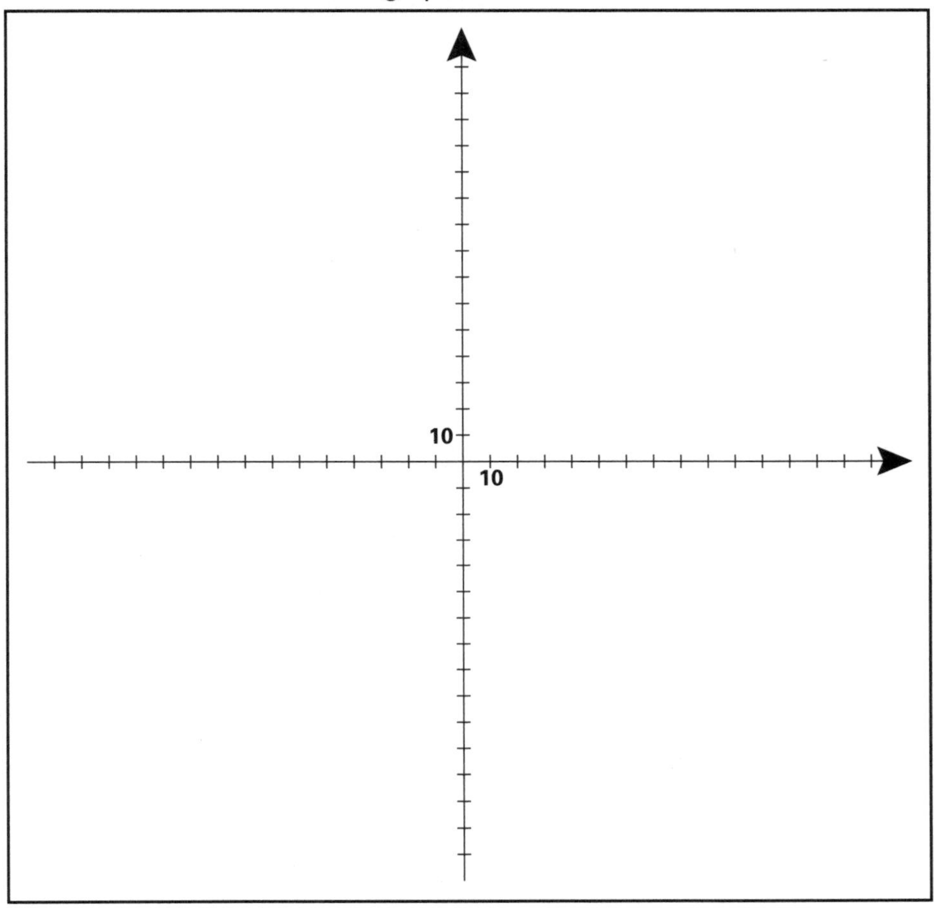

Allure de la fonction dérivée…

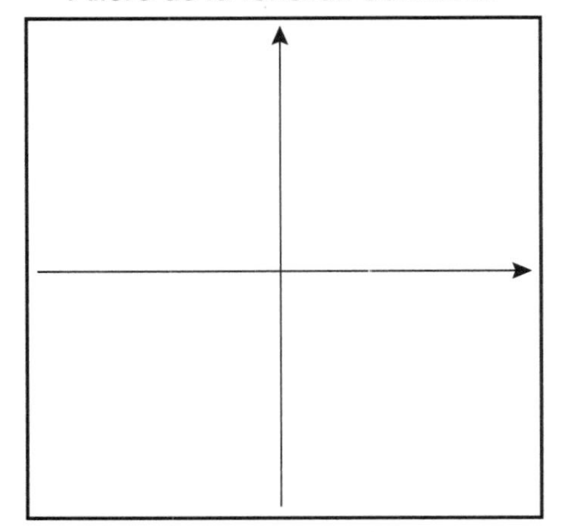

Intersections avec les axes…

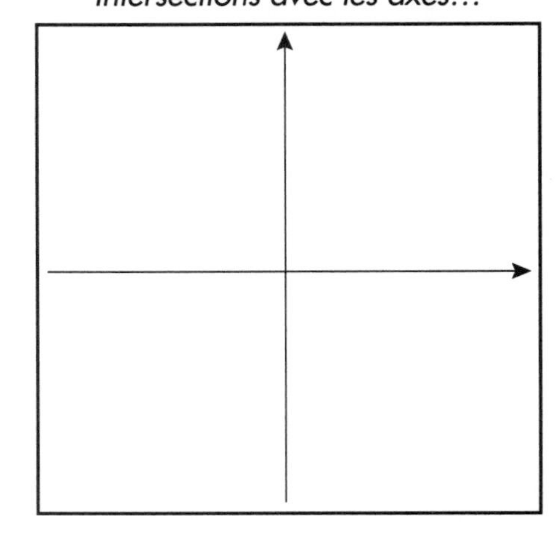

Fonction $f_{15}(x) = \left(x^2(40 - x)\right)^{\frac{1}{3}}$

Bloc 1L

1L.1 Y a-t-il des valeurs réelles pour lesquelles vous n'obtenez pas d'images par f_{15} ?

Si oui, lesquelles ? ____

(En laboratoire, ces valeurs sont celles pour lesquelles la procédure COUPLE utilisée avec $F15$ ne retourne pas de résultat.)

1L.2 Domaine de $f_{15}(x)$ = ________________

1L.3 Des points intéressants : les intersections avec les axes.

Ordonnée à l'origine : ____________________ ... point correspondant : (______, ______)

Zéro(s) ou racine(s) : ____________________ ... point(s) correspondant(s) : (______, ______)

(______, ______)

1L.4 Placez les points que vous venez de trouver sur le système d'axes intitulé « Intersections avec les axes ».

2L.1 Quelles sont les particularités du graphe que vous observez à l'écran ?

____

____

____

2L.2 Si vous travaillez en laboratoire, redessinez sur le système d'axes intitulé « Allure du graphe de la fonction » ce que vous voyez à l'écran.

2L.3 Les renseignements trouvés au bloc 1L concordent-ils avec le graphe que vous venez d'obtenir ?

____

3L.1 Étude de la fonction autour de $x = 40$.

- Si vous travaillez en laboratoire, les procédures LIMITEG et LIMITED vous ont permis d'étudier numériquement le comportement de la fonction à gauche et à droite de $x = 40$. Voyons ce que vous avez obtenu ...

- Si vous ne travaillez pas en laboratoire, vous avez examiné graphiquement le comportement de la fonction à gauche et à droite de $x = 40$ à l'exercice 7 de la section 2.4. Voyons ce que vous avez obtenu ...

S'il y a lieu, vos résultats numériques et le graphe de la fonction concordent-ils? ___________

Plus x s'approche de 40 par la gauche,
plus $f_{15}(x)$ s'approche de ________________ c.-à-d. $\lim_{x \to 40_-} f_{15}(x)$ ________________

Plus x s'approche de 40 par la droite,
plus $f_{15}(x)$ s'approche de ________________ c.-à-d. $\lim_{x \to 40_+} f_{15}(x)$ ________________

Vous pouvez conclure que $\lim_{x \to 40} f_{15}(x)$ ________________

Bloc 3

3.1 Évaluez algébriquement les limites suivantes:

a) $\lim_{x \to 40} \left(x^2(40 - x)\right)^{\frac{1}{3}} =$

b) $\lim_{x \to 0} \left(x^2(40 - x)\right)^{\frac{1}{3}} =$

c) $\lim_{x \to 20} \left(x^2(40 - x)\right)^{\frac{1}{3}} =$

Y a-t-il concordance entre ces résultats algébriques, le graphe de la fonction et, s'il y a lieu, les calculs numériques de limites du bloc 3L? ____________________

3.2 Recherche algébrique d'asymptotes verticales.

Candidats au poste d'asymptotes verticales: ____________________, car ____________________

4L.1 Étude de la fonction aux extrémités de l'axe des x.

- Si vous travaillez en laboratoire, les procédures LIM'INFINI, LIM'MS'INF vous ont permis d'étudier numériquement le comportement de la fonction lorsque x tend vers $+\infty$ et lorsque x tend vers $-\infty$. Voyons ce que vous avez obtenu ...
- Si vous ne travaillez pas en laboratoire, vous avez examiné ces comportements à l'exercice 7 de la section 2.13. Voyons ce que vous avez obtenu ...

S'il y a lieu, vos résultats numériques et le graphe de la fonction concordent-ils? ____________

Plus x s'approche de $+\infty$,
plus $f_{15}(x)$ s'approche de ____________________ c.-à-d. $\lim_{x \to +\infty} f_{15}(x)$ ____________________

Plus x s'approche de $-\infty$,
plus $f_{15}(x)$ s'approche de ____________________ c.-à-d. $\lim_{x \to -\infty} f_{15}(x)$ ____________________

Bloc 4

4.1 Évaluez algébriquement les limites suivantes :

a) $\lim_{x \to +\infty} \left(x^2(40 - x)\right)^{\frac{1}{3}} =$

b) $\lim_{x \to -\infty} \left(x^2(40 - x)\right)^{\frac{1}{3}} =$

Y a-t-il concordance entre ces résultats algébriques, le graphe de la fonction et les calculs numériques de limites du bloc 4L? ______________

4.2 Recherche algébrique d'asymptotes horizontales.

Il faut évaluer les limites suivantes : ______________________________

Or, vous avez déjà évalué ces limites algébriquement. Vous avez obtenu :

____

Tirez vos conclusions en écrivant, s'il y a lieu, les équations des asymptotes horizontales et en indiquant la (les) région(s) où chacune joue son rôle.

Si vous avez trouvé des asymptotes horizontales, dessinez-les en pointillé sur le système d'axes intitulé « Allure du graphe de la fonction ».

5L.1 • Si vous travaillez en laboratoire, la procédure SÉCANTES vous a permis de rechercher les droites candidates au poste de tangente à la courbe de f_{15} au point d'abscisse $x = -30$ avec un écart $\Delta x > 0$ et avec un écart $\Delta x < 0$. Vous y avez de plus estimé la valeur limite de leur pente. Voyons ce que vous avez obtenu...

• Si vous ne travaillez pas en laboratoire, vous pourriez rechercher graphiquement les droites candidates au poste de tangente à la courbe de f_{15} au point d'abscisse $x = -30$ avec un écart $\Delta x > 0$ et avec un écart $\Delta x < 0$ au numéro 1 de la section 3.2. Ce serait un enrichissement.

$\Delta x > 0$

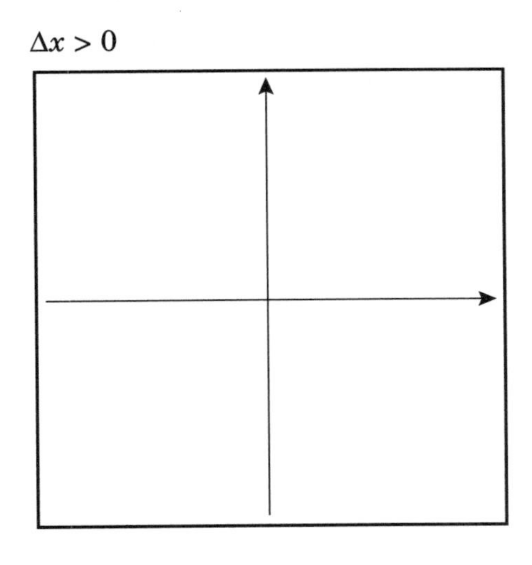

$\lim\limits_{\Delta x \to 0_+} m_{\text{sécante}} =$ ____________

$\Delta x < 0$

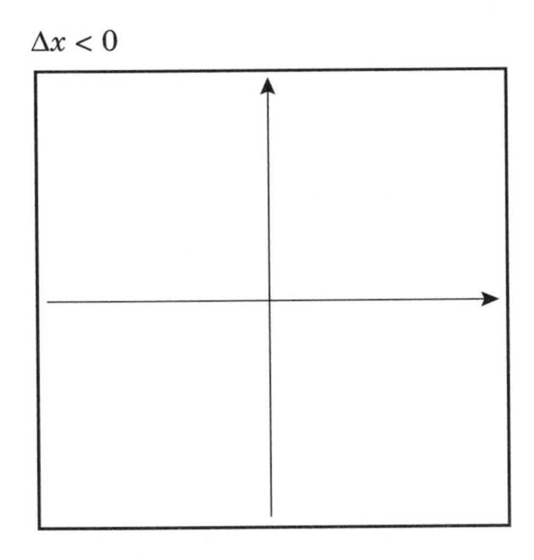

$\lim\limits_{\Delta x \to 0_-} m_{\text{sécante}} =$ ____________

Ainsi, $m_{\text{tg en }(-30,\ f_{15}(-30))} = \lim\limits_{\Delta x \to 0} m_{\text{sécante}} =$ ____________

5L.2 D'après vous, si nous avions calculé la valeur de pente de la tangente en $x = -10$, aurions-nous obtenu une valeur supérieure ou inférieure à celle de la pente de la tangente en $x = -30$?

5.1 En utilisant la technique expliquée à la section 3.1.2 du manuel, esquissez le graphe de la fonction dérivée sur le système d'axes intitulé « Allure de la fonction dérivée », tel qu'on vous l'a demandé au numéro 18 de la section 3.2.

5.2 Dérivez algébriquement $f_{15}(x)$.

Évaluez : $f_{15}'(-30)$ ______________

$f_{15}'(-20)$ ______________

$f_{15}'(-10)$ ______________

Y a-t-il concordance avec le bloc 5L? _________

Évaluez : $f_{15}'(10)$ ______________

$f_{15}'(20)$ ______________

$f_{15}'(30)$ ______________

5.3 Graphiquement, que se passe-t-il de spécial en $(0, f_{15}(0)$? ______________________________

____

Graphiquement, comment se comporte la courbure du graphe de $f_{15}(x)$ pour $x < 0$?

____

Si on examine les valeurs de pente des tangentes à la courbe pour $x < 0$, c'est-à-dire les valeurs prises par $f_{15}'(x)$ pour $x < 0$, que pouvons-nous dire au sujet de la croissance de $f_{15}'(x)$ pour $x < 0$? ______________________________

____

Graphiquement, comment se comporte la courbure du graphe de $f_{15}(x)$ pour $x < 0 < 40$?

____

Si on examine les valeurs de pente des tangentes à la courbe pour $x < 0 < 40$, c'est-à-dire les valeurs prises par $f_{15}'(x)$ pour $x < 0 < 40$, que pouvons-nous dire au sujet de la croissance de $f_{15}'(x)$ sur cet intervalle ? ______________________________

____

5.4 Étude algébrique de la croissance de $f_{15}(x)$.

Domaine de $f_{15}(x)$: ______________

Recherche des valeurs critiques de $f_{15}(x)$:

Tableau de signes de $f_{15}'(x)$

Signe de $f_{15}'(x)$	
Croissance de $f_{15}(x)$	

La dernière ligne du tableau concorde-t-elle avec le graphe de f_{15} ? __________

6.1 Recherche d'un lien graphique entre le graphe de f_{15} et celui de sa dérivée.

Examinez le graphe de f_{15} :

- $f_{15}(x)$ semble être courbée vers le bas sur ____________________
- $f_{15}(x)$ semble être courbée vers le haut sur ____________________

Examinez la croissance-décroissance de f_{15}' sur le système d'axes intitulé « Allure de la fonction dérivée » pour les intervalles que vous venez de déterminer :

- Lorsque $f_{15}(x)$ est courbée vers le bas, $f_{15}'(x)$ est ____________________.
- Lorsque $f_{15}(x)$ est courbée vers le haut, $f_{15}'(x)$ est ____________________.

6.2 Trouvez l'expression algébrique de la dérivée seconde de $f_{15}(x)$.

6.3 Étude algébrique de la concavité de $f_{15}(x)$.

Domaine de $f_{15}(x)$: ____________________

Recherche des valeurs critiques de $f_{15}'(x)$:

Tableau de signes de $f_{15}''(x)$

Signe de $f_{15}''(x)$	
Concavité de $f_{15}(x)$	

La dernière ligne du tableau concorde-t-elle avec le graphe de f_{15} ? __________

Bloc 7

7.1 Étude algébrique complète de $f_{15}(x)$.

En relisant les résultats algébriques que vous avez obtenus dans les blocs précédents, construisez le tableau-synthèse de la fonction.

Signe de $f_{15}'(x)$	
Signe de $f_{15}''(x)$	
Graphe de $f_{15}(x)$	

7.2 Tracez à la main le graphe correspondant au tableau-synthèse obtenu en 7.1.

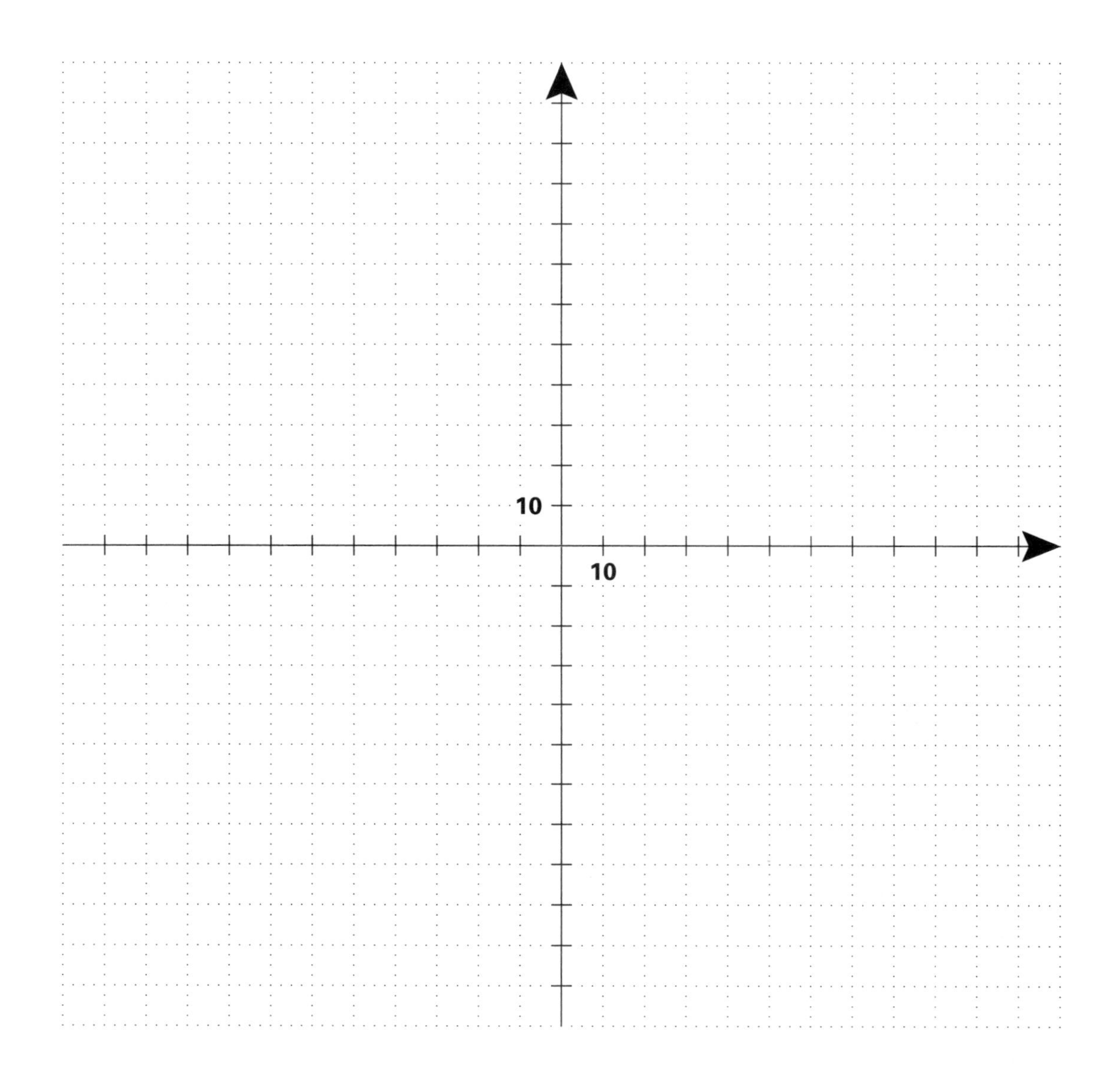

Y a-t-il concordance avec le graphe de f_{15} que vous aviez redessiné sur le système d'axes intitulé « Allure du graphe de la fonction » ? __________

Y a-t-il des renseignements que vous avez obtenus algébriquement et que votre première étude graphique ne vous avait pas permis de découvrir ?

____

____

Fonction $f_{16}(x) = 50e^{\frac{10}{x}}$

Allure du graphe de la fonction...

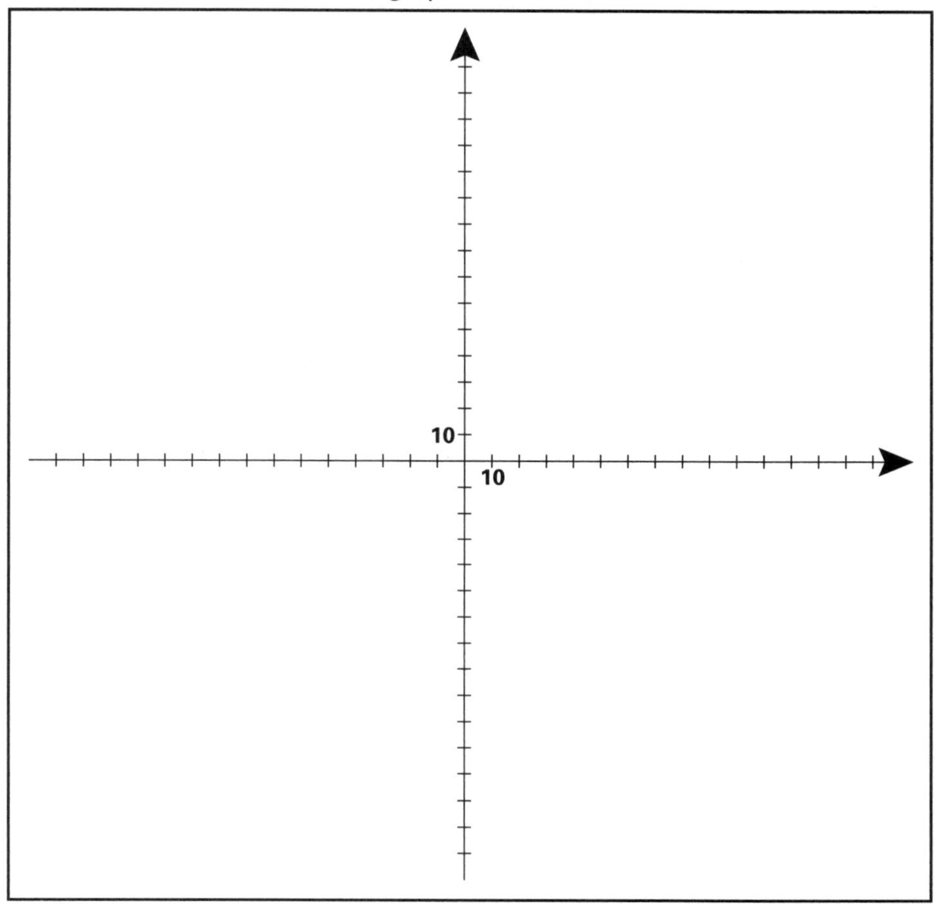

Allure de la fonction dérivée...

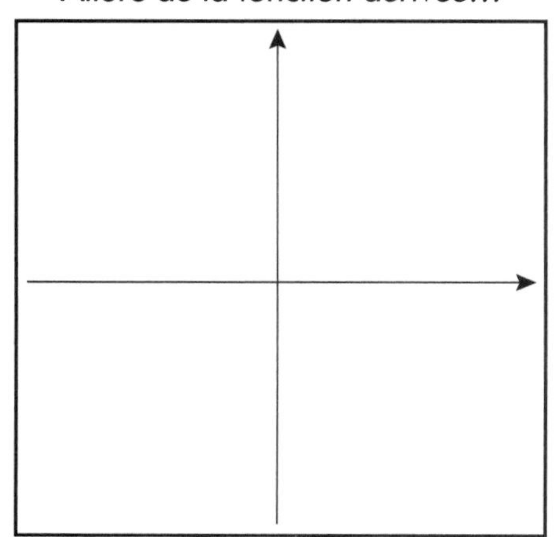

Intersections avec les axes...

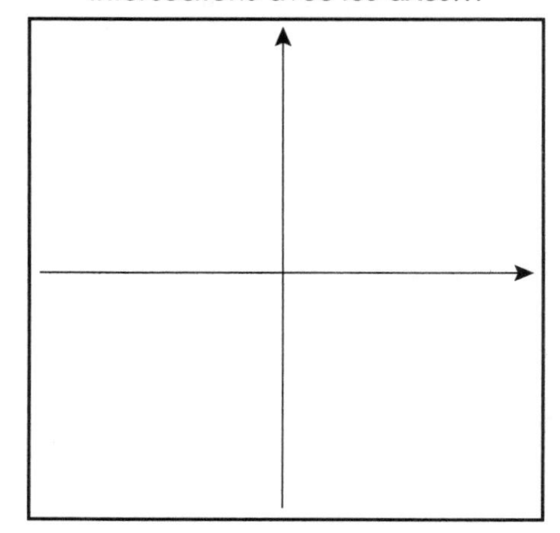

Bloc P

P.1 En logo, quelle ligne d'action décrit l'expression algébrique de cette fonction?

____

____

Bloc 1L

1L.1 Y a-t-il des valeurs réelles pour lesquelles vous n'obtenez pas d'images par f_{16}?

Si oui, lesquelles? ______________________________

(En laboratoire, ces valeurs sont celles pour lesquelles la procédure COUPLE utilisée avec $F16$ ne retourne pas de résultat.)

1L.2 Domaine de $f_{16}(x)$ = ________________

1L.3 Des points intéressants: les intersections avec les axes.

Ordonnée à l'origine: ____________________ ... point correspondant: (______, ______)

Zéro ou racine: ____________________ ... point correspondant: (______, ______)

1L.4 Placez les points que vous venez de trouver sur le système d'axes intitulé «Intersections avec les axes».

Bloc 2L

2L.1 Quelles sont les particularités du graphe que vous observez à l'écran?

____

____

____

2L.2 Si vous travaillez en laboratoire, redessinez sur le système d'axes intitulé «Allure du graphe de la fonction» ce que vous voyez à l'écran.

2L.3 Les renseignements trouvés au bloc 1L concordent-ils avec le graphe que vous venez d'obtenir?

____

3L.1 Étude de la fonction autour de $x = 0$.

- Si vous travaillez en laboratoire, les procédures LIMITEG et LIMITED vous ont permis d'étudier numériquement le comportement de la fonction à gauche et à droite de $x = 0$. Voyons ce que vous avez obtenu ...
- Si vous ne travaillez pas en laboratoire, vous avez examiné numériquement et graphiquement le comportement de la fonction à gauche et à droite de $x = 0$ aux exercices 6 et 7 de la section 2.4. Voyons ce que vous avez obtenu ...

Vos résultats numériques et le graphe de la fonction concordent-ils? __________

Plus x s'approche de 0 par la gauche,
plus $f_{16}(x)$ s'approche de __________________ c.-à-d. $\lim\limits_{x \to 0_-} f_{16}(x)$ __________________

Plus x s'approche de 0 par la droite,
plus $f_{16}(x)$ s'approche de __________________ c.-à-d. $\lim\limits_{x \to 0_+} f_{16}(x)$ __________________

Vous pouvez conclure que $\lim\limits_{x \to 0} f_{16}(x)$ __________________

Bloc 3

3.1 Évaluez algébriquement les limites suivantes :

a) $\lim\limits_{x \to 0} 50e^{\frac{10}{x}} =$

b) $\lim_{x\to 10} 50e^{\frac{10}{x}} =$

c) $\lim_{x\to -50} 50e^{\frac{10}{x}} =$

Y a-t-il concordance entre ces résultats algébriques, le graphe de la fonction et, s'il y a lieu, les calculs numériques de limites du bloc 3L? ____________________

3.2 Graphiquement, c'est-à-dire en examinant l'allure du graphe de la fonction que vous avez déjà redessiné, trouvez-vous des discontinuités?

Si oui, pour quelles valeurs de x? (Faites des approximations si nécessaire.) ______________

3.3 Recherche algébrique des discontinuités, et recherche du type de discontinuité.

Candidats au poste de discontinuité: ____________________

«Élection» pour chacun des candidats:
Vérifiez, si nécessaire, les trois conditions de la définition de la continuité en un point, page 187 du manuel.

Pour la recherche du type de discontinuité, il faut absolument connaître le comportement de la fonction autour du candidat: si certaines limites algébriques utiles ont déjà été évaluées, rapportez vos résultats. Sinon, évaluez-les...

Pour __________:

Conclusion: ____

L'outil algébrique est toujours le plus rigoureux... Si vous avez trouvé des discontinuités qui n'étaient pas visibles sur le système d'axes intitulé « Allure du graphe de la fonction », veuillez les ajouter.

3.4 Recherche algébrique d'asymptotes verticales.

Candidats au poste d'asymptotes verticales : ____________________

« Élection » pour chacun des candidats :
Si vous avez déjà évalué certaines limites algébriques utiles à l'élection, rapportez vos résultats. Sinon, il faudra faire l'évaluation algébrique nécessaire...

Pour __________ :

Tirez vos conclusions et écrivez les équations des asymptotes verticales s'il y a lieu :

____

Si vous avez trouvé des asymptotes verticales, dessinez-les en pointillé sur le système d'axes intitulé « Allure du graphe de la fonction ».

4L.1 Étude de la fonction aux extrémités de l'axe des x.

- Si vous travaillez en laboratoire, les procédures LIM'INFINI, LIM'MS'INF vous ont permis d'étudier numériquement le comportement de la fonction lorsque x tend vers $+\infty$ et lorsque x tend vers $-\infty$. Voyons ce que vous avez obtenu ...
- Si vous ne travaillez pas en laboratoire, vous avez examiné numériquement et graphiquement ces comportements aux exercices 6 et 7 de la section 2.13. Voyons ce que vous avez obtenu ...

Vos résultats numériques et le graphe de la fonction concordent-ils ? __________

Plus x s'approche de $+\infty$,
plus $f_{16}(x)$ s'approche de __________________ c.-à-d. $\lim_{x \to +\infty} f_{16}(x)$ __________________

Plus x s'approche de $-\infty$,
plus $f_{16}(x)$ s'approche de __________________ c.-à-d. $\lim_{x \to -\infty} f_{16}(x)$ __________________

4.1 Évaluez algébriquement les limites suivantes :

a) $\lim\limits_{x \to +\infty} 50e^{\frac{10}{x}} =$

b) $\lim\limits_{x \to -\infty} 50e^{\frac{10}{x}} =$

Y a-t-il concordance entre ces résultats algébriques, le graphe de la fonction et les calculs numériques de limites du bloc 4L ? ______________

4.2 Recherche algébrique d'asymptotes horizontales.

Il faut évaluer les limites suivantes : ____________________________

Or, vous avez déjà évalué ces limites algébriquement. Vous avez obtenu :

____

Tirez vos conclusions en écrivant, s'il y a lieu, les équations des asymptotes horizontales et en indiquant la (les) région(s) où chacune joue son rôle.

____

Si vous avez trouvé des asymptotes horizontales, dessinez-les en pointillé sur le système d'axes intitulé « Allure du graphe de la fonction ».

Bloc 5L

5L.1

- Si vous travaillez en laboratoire, la procédure SÉCANTES vous a permis de rechercher les droites candidates au poste de tangente à la courbe de f_{16} au point d'abscisse $x = 20$ avec un écart $\Delta x > 0$ et avec un écart $\Delta x < 0$. Vous y avez de plus estimé la valeur limite de leur pente. Voyons ce que vous avez obtenu...
- Si vous ne travaillez pas en laboratoire, vous avez recherché graphiquement les droites candidates au poste de tangente à la courbe de f_{16} au point d'abscisse $x = 20$ avec un écart $\Delta x > 0$ et avec un écart $\Delta x < 0$ au numéro 1 de la section 3.2. Faute de temps, nous ne vous avons pas demandé d'estimer la pente de ces droites. Voyons ce que vous avez obtenu...

$\Delta x > 0$

$\lim\limits_{\Delta x \to 0_+} m_{\text{sécante}} =$ ___________

$\Delta x < 0$

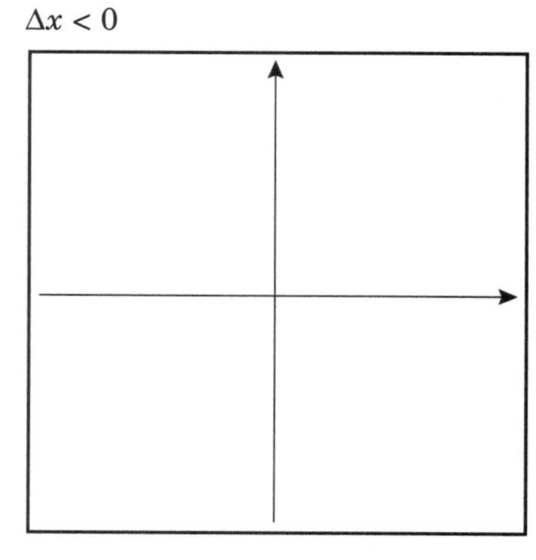

$\lim\limits_{\Delta x \to 0_-} m_{\text{sécante}} =$ ___________

Ainsi, $m_{\text{tg en }(20,\, f_{16}(20))} = \lim\limits_{\Delta x \to 0} m_{\text{sécante}} =$ ___________

Bloc 5

5.1 En utilisant la technique expliquée à la section 3.2.2 du manuel, esquissez le graphe de la fonction dérivée sur le système d'axes intitulé « Allure de la fonction dérivée », tel qu'on vous l'a demandé au numéro 17 de la section 3.3.

5.2 Dérivez algébriquement $f_{16}(x)$.

Évaluez : $f_{16}'(20)$ ______________

$f_{16}'(0)$ ______________

Y a-t-il concordance avec le bloc 5L ? _________

5.3 Étude algébrique de la croissance de $f_{16}(x)$.

Domaine de $f_{16}(x)$: __________________

Recherche des valeurs critiques de $f_{16}(x)$:

Tableau de signes de $f_{16}'(x)$

Signe de $f_{16}'(x)$	
Croissance de $f_{16}(x)$	

La dernière ligne du tableau concorde-t-elle avec le graphe de f_{16} ? _________

6.1 Recherche d'un lien graphique entre le graphe de f_{16} et celui de sa dérivée.

Examinez le graphe de f_{16} :

- $f_{16}(x)$ semble être courbée vers le bas sur ______________________________
- $f_{16}(x)$ semble être courbée vers le haut sur ______________________________

Examinez la croissance-décroissance de f_{16}' sur le système d'axes intitulé « Allure de la fonction dérivée » pour les intervalles que vous venez de déterminer :

- Lorsque $f_{16}(x)$ est courbée vers le bas, $f_{16}'(x)$ est ______________________________.
- Lorsque $f_{16}(x)$ est courbée vers le haut, $f_{16}'(x)$ est ______________________________.

6.2 Trouvez l'expression algébrique de la dérivée seconde de $f_{16}(x)$.

6.3 Étude algébrique de la concavité de $f_{16}(x)$.

Domaine de $f_{16}(x)$: ____________________

Recherche des valeurs critiques de $f_{16}'(x)$:

Tableau de signes de $f_{16}''(x)$

Signe de $f_{16}''(x)$	
Concavité de $f_{16}(x)$	

La dernière ligne du tableau concorde-t-elle avec le graphe de f_{16}? ________

Bloc 7

7.1 Étude algébrique complète de $f_{16}(x)$.

En relisant les résultats algébriques que vous avez obtenus dans les blocs précédents, construisez le tableau-synthèse de la fonction.

Signe de $f_{16}'(x)$	
Signe de $f_{16}''(x)$	
Graphe de $f_{16}(x)$	

7.2 Tracez à la main le graphe correspondant au tableau-synthèse obtenu en 7.1.

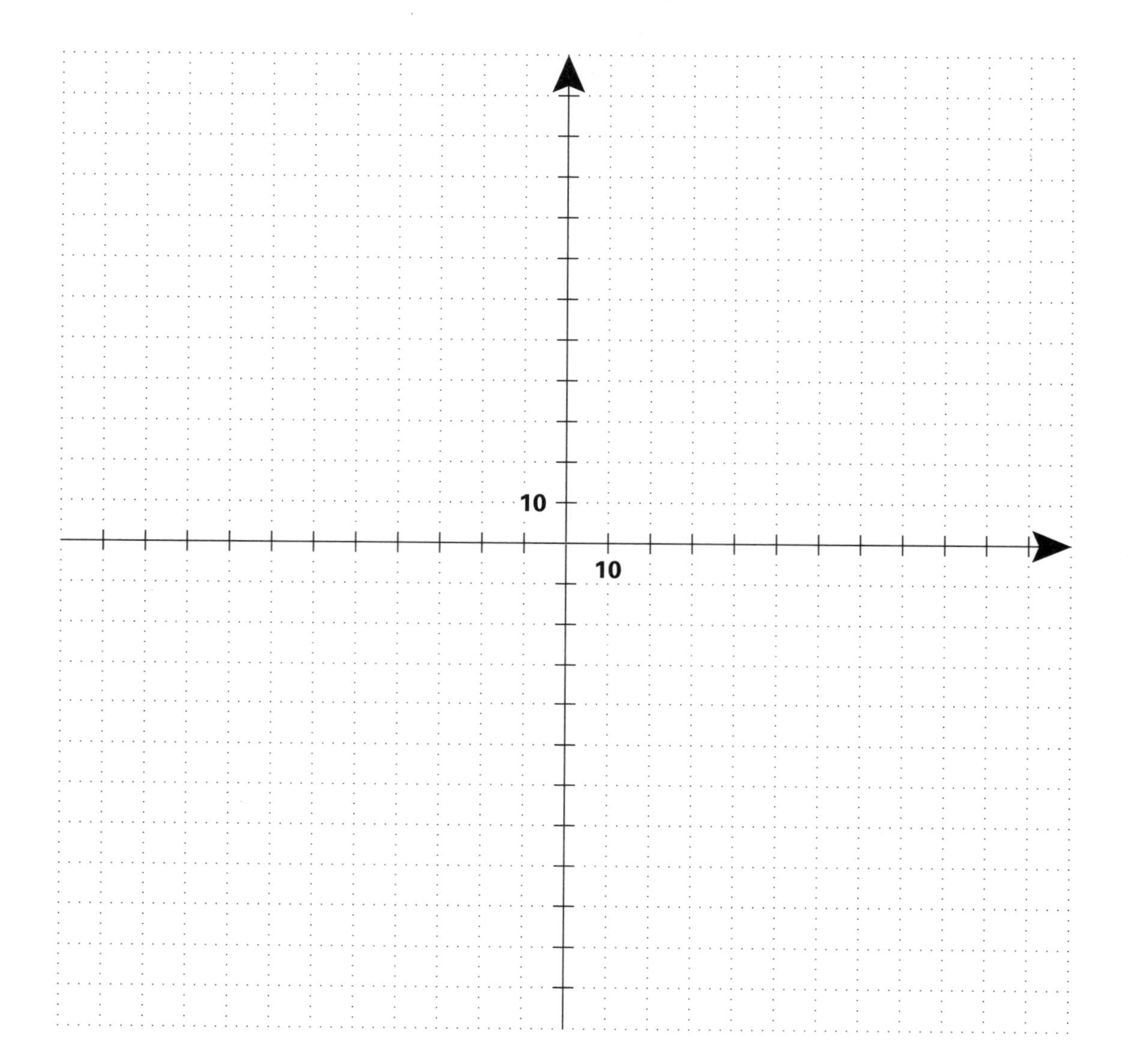

Y a-t-il concordance avec le graphe de f_{16} que vous aviez redessiné sur le système d'axes intitulé « Allure du graphe de la fonction » ? __________

Y a-t-il des renseignements que vous avez obtenus algébriquement et que votre première étude graphique ne vous avait pas permis de découvrir ?

____

____

Fonction $f_{17}(x) = \begin{cases} \dfrac{1000}{x} & \text{si} \quad x \leq -30 \\ 20e^{-0,05x} - 50 & \text{si} \quad -30 < x < 30 \\ \dfrac{200}{(x-10)} & \text{si} \quad x \geq 30 \end{cases}$

Allure du graphe de la fonction…

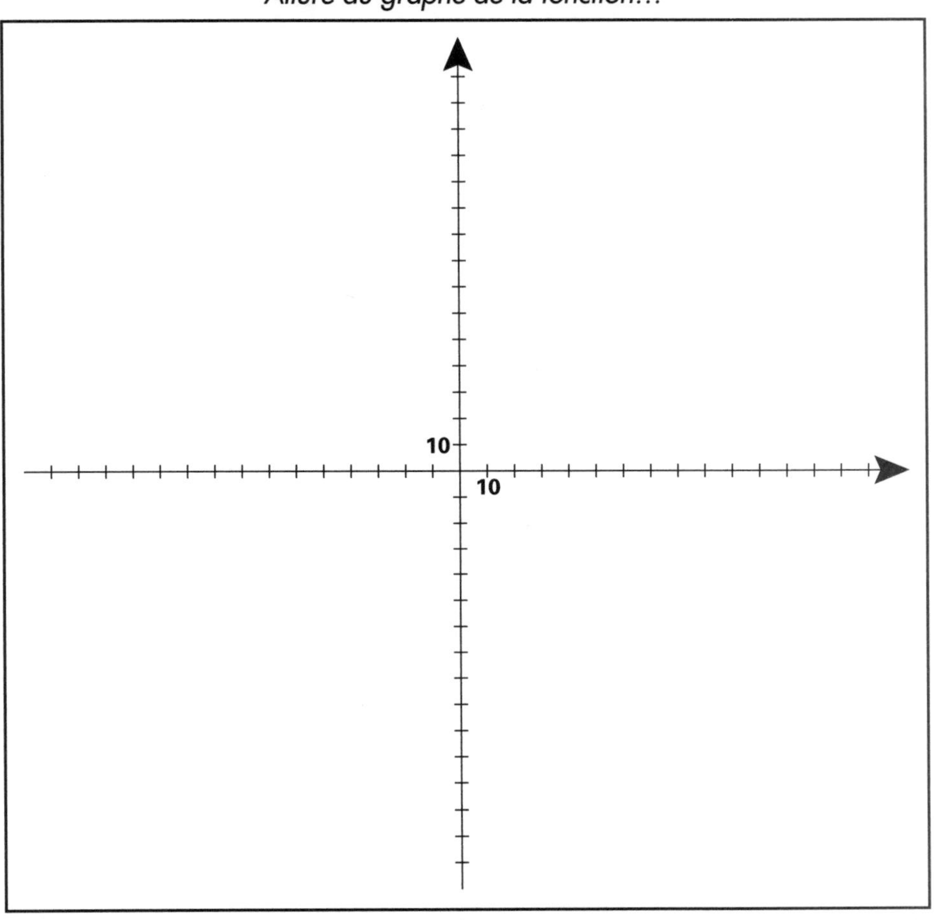

Allure de la fonction dérivée…

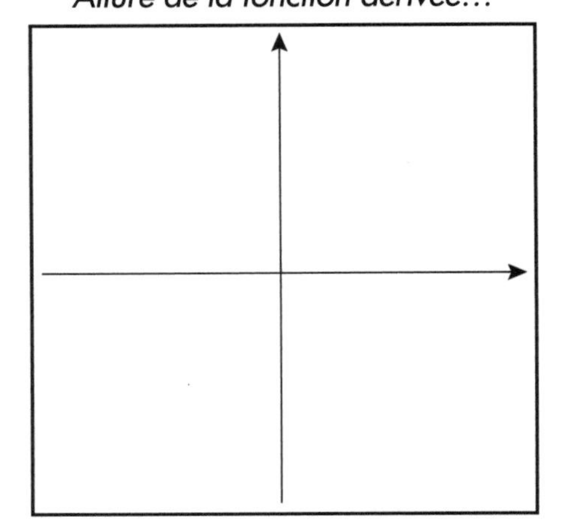

Intersections avec les axes…

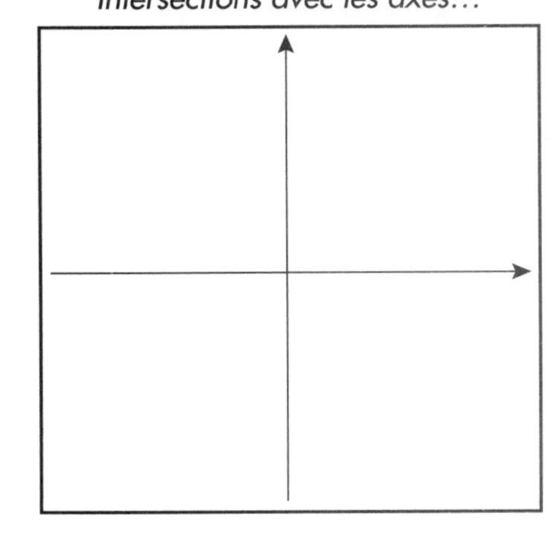

Fonction $f_{17}(x)$ $= \begin{cases} \dfrac{1000}{x} & \text{si } x \leq -30 \\ 20e^{-0,05x} - 50 & \text{si } -30 < x < 30 \\ \dfrac{200}{(x-10)} & \text{si } x \geq 30 \end{cases}$

Bloc 1L

1L.1 Y a-t-il des valeurs réelles pour lesquelles vous n'obtenez pas d'images par f_{17}?

Si oui, lesquelles? ______________________________

(En laboratoire, ces valeurs sont celles pour lesquelles la procédure COUPLE utilisée avec F17A, F17B ou F17C selon le cas ne retourne pas de résultat.)

1L.2 Domaine de $f_{17}(x)$ = ____________________

1L.3 Des points intéressants : les intersections avec les axes.

Ordonnée à l'origine : ____________________ ... point correspondant : (______, _____)

Zéro ou racine : ____________________ ... point correspondant : (______, _____)

1L.4 Placez les points que vous venez de trouver sur le système d'axes intitulé « Intersections avec les axes ».

Bloc 2L

2L.1 Quelles sont les particularités du graphe que vous observez à l'écran?

____

____

____

2L.2 Si vous travaillez en laboratoire, redessinez sur le système d'axes intitulé « Allure du graphe de la fonction » ce que vous voyez à l'écran.

2L.3 Les renseignements trouvés au bloc 1L concordent-ils avec le graphe que vous venez d'obtenir?

____

Bloc 3L

3L.1 Étude de la fonction autour de $x = 30$.

- Si vous travaillez en laboratoire, les procédures LIMITEG et LIMITED vous ont permis d'étudier numériquement le comportement de la fonction à gauche et à droite de $x = 30$. Voyons ce que vous avez obtenu …
- Si vous ne travaillez pas en laboratoire, vous avez examiné graphiquement le comportement de la fonction à gauche et à droite de $x = 30$ à l'exercice 7 de la section 2.4. Voyons ce que vous avez obtenu …

Fonction $f_{17}(x)$ $= \begin{cases} \dfrac{1000}{x} & \text{si } x \leq -30 \\ 20e^{-0,05x} - 50 & \text{si } -30 < x < 30 \\ \dfrac{200}{(x-10)} & \text{si } x \geq 30 \end{cases}$

S'il y a lieu, vos résultats numériques et le graphe de la fonction concordent-ils? ____________

Plus x s'approche de 0 par la gauche,
plus $f_{17}(x)$ s'approche de ____________ c.-à-d. $\lim\limits_{x \to 30_-} f_{17}(x)$ ____________

Plus x s'approche de 0 par la droite,
plus $f_{17}(x)$ s'approche de ____________ c.-à-d. $\lim\limits_{x \to 30_+} f_{17}(x)$ ____________

Vous pouvez conclure que $\lim\limits_{x \to 30} f_{17}(x)$ ____________

3.1 Évaluez algébriquement les limites suivantes:

a) $\lim\limits_{x \to 30} f_{17}(x) =$

b) $\lim\limits_{x \to -30} f_{17}(x) =$

c) $\lim\limits_{x \to 0} f_{17}(x) =$

Y a-t-il concordance entre ces résultats algébriques, le graphe de la fonction et, s'il y a lieu, les calculs numériques de limites du bloc 3L? __________

Bloc 4L

4L.1 Étude de la fonction aux extrémités de l'axe des x.

- Si vous travaillez en laboratoire, les procédures LIM'INFINI, LIM'MS'INF vous ont permis d'étudier numériquement le comportement de la fonction lorsque x tend vers $+\infty$ et lorsque x tend vers $-\infty$. Voyons ce que vous avez obtenu ...
- Si vous ne travaillez pas en laboratoire, vous avez examiné graphiquement ces comportements à l'exercice 7 de la section 2.13. Voyons ce que vous avez obtenu ...

S'il y a lieu, vos résultats numériques et le graphe de la fonction concordent-ils? __________

Plus x s'approche de $+\infty$,
plus $f_{17}(x)$ s'approche de __________ c.-à-d. $\lim\limits_{x \to +\infty} f_{17}(x)$ __________

Plus x s'approche de $-\infty$,
plus $f_{17}(x)$ s'approche de __________ c.-à-d. $\lim\limits_{x \to -\infty} f_{17}(x)$ __________

4.1 Évaluez algébriquement les limites suivantes:

a) $\lim\limits_{x \to +\infty} f_{17}(x)$

b) $\lim\limits_{x \to -\infty} f_{17}(x)$

Y a-t-il concordance entre ces résultats algébriques, le graphe de la fonction et les calculs numériques de limites du bloc 4L? __________

4.2 Recherche algébrique d'asymptotes horizontales.

Il faut évaluer les limites suivantes: ____________________________

Or, vous avez déjà évalué ces limites algébriquement. Vous avez obtenu:

____

Tirez vos conclusions en écrivant, s'il y a lieu, les équations des asymptotes horizontales et en indiquant la (les) région(s) où chacune joue son rôle.

____

Si vous avez trouvé des asymptotes horizontales, dessinez-les en pointillé sur le système d'axes intitulé «Allure du graphe de la fonction».

5L.1

- Si vous travaillez en laboratoire, la procédure SÉCANTES vous a permis de rechercher les droites candidates au poste de tangente à la courbe de f_{17} au point d'abscisse $x = 30$ avec un écart $\Delta x > 0$ et avec un écart $\Delta x < 0$. Vous y avez de plus estimé la valeur limite de leur pente. Voyons ce que vous avez obtenu …

- Si vous ne travaillez pas en laboratoire, vous pourriez rechercher graphiquement les droites candidates au poste de tangente à la courbe de f_{17} au point d'abscisse $x = 30$ avec un écart $\Delta x > 0$ et avec un écart $\Delta x < 0$, comme au numéro 1 de la section 3.2. Ce serait un enrichissement.

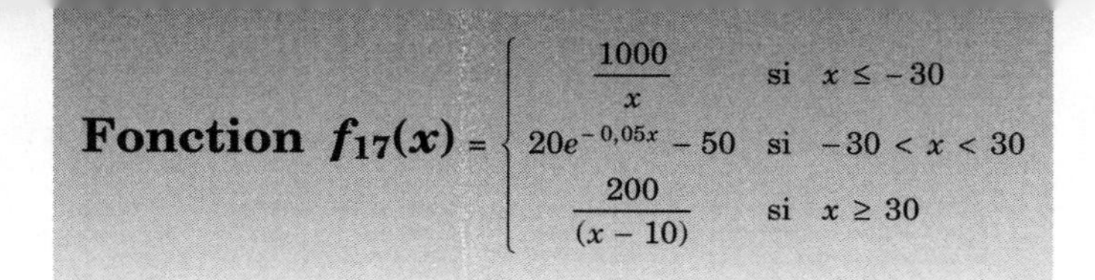

$\Delta x > 0$

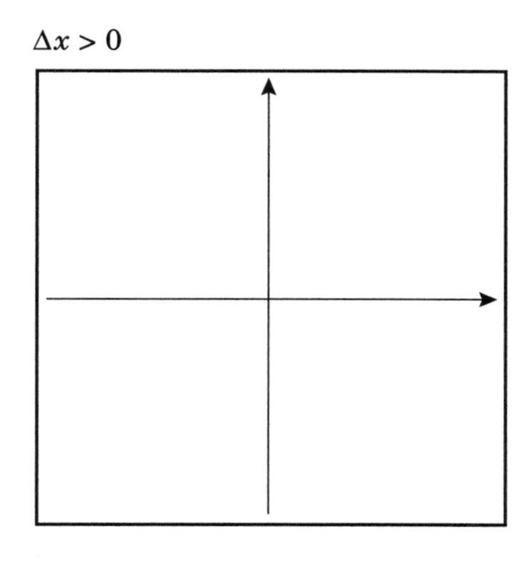

$\Delta x < 0$

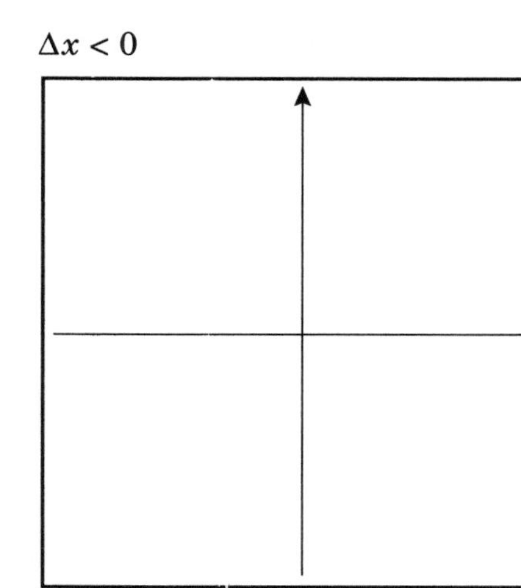

$\lim\limits_{\Delta x \to 0_+} m_{\text{sécante}} =$ __________

$\lim\limits_{\Delta x \to 0_-} m_{\text{sécante}} =$ __________

Ainsi, $m_{\text{tg en }(30,\ f_{17}(30))} = \lim\limits_{\Delta x \to 0} m_{\text{sécante}} =$ __________

5L.2 Que pouvez-vous dire au sujet de la pente de tangentes à $f_{17}(x)$ au point d'abscisse $x = -30$? ____

Bloc 5

5.1 En utilisant la technique expliquée à la section 3.1.2 du manuel, esquissez le graphe de la fonction dérivée sur le système d'axes intitulé « Allure de la fonction dérivée », tel qu'on vous l'a demandé au numéro 18 de la section 3.2.

Fonction $f_{17}(x)$ $= \begin{cases} \dfrac{1000}{x} & \text{si } x \leq -30 \\ 20e^{-0,05x} - 50 & \text{si } -30 < x < 30 \\ \dfrac{200}{(x-10)} & \text{si } x \geq 30 \end{cases}$

5.2 Dérivez algébriquement $f_{17}(x)$.

Évaluez : $f_{17}'(-30)$ ____________________

$f_{17}'(30)$ ____________________

$f_{17}'(0)$ ____________________

Y a-t-il concordance avec le bloc 5L ? __________

5.3 Étude algébrique de la croissance de $f_{17}(x)$:

Domaine de $f_{17}(x)$: ____________________

Recherche des valeurs critiques de $f_{17}(x)$:

Tableau de signes de $f_{17}'(x)$

Signe de $f_{17}'(x)$	
Croissance de $f_{17}(x)$	

La dernière ligne du tableau concorde-t-elle avec le graphe de f_{17}? ________

6.1 Recherche d'un lien graphique entre le graphe de f_{17} et celui de sa dérivée.

Examinez le graphe de f_{17} (répondre en termes d'intervalles):

- $f_{17}(x)$ semble être courbée vers le bas sur ________________________
- $f_{17}(x)$ semble être courbée vers le haut sur ________________________

Examinez la croissance-décroissance de f_{17}' sur le système d'axes intitulé «Allure de la fonction dérivée» pour les intervalles que vous venez de déterminer:

- Lorsque $f_{17}(x)$ est courbée vers le bas, $f_{17}'(x)$ est ________________________.
- Lorsque $f_{17}(x)$ est courbée vers le haut, $f_{17}'(x)$ est ________________________.

6.2 Trouvez l'expression algébrique de la dérivée seconde de $f_{17}(x)$.

6.3 Étude algébrique de la concavité de $f_{17}(x)$.

Domaine de $f_{17}(x)$: ____________________

Recherche des valeurs critiques de $f_{17}'(x)$:

Tableau de signes de $f_{17}''(x)$

Signe de $f_{17}''(x)$	
Concavité de $f_{17}(x)$	

La dernière ligne du tableau concorde-t-elle avec le graphe de f_{17}? __________

7.1 Étude algébrique complète de $f_{17}(x)$.

En relisant les résultats algébriques que vous avez obtenus dans les blocs précédents, construisez le tableau-synthèse de la fonction.

Signe de $f_{17}'(x)$	
Signe de $f_{17}''(x)$	
Graphe de $f_{17}(x)$	

7.2 Tracez à la main le graphe correspondant au tableau-synthèse obtenu en 7.1.

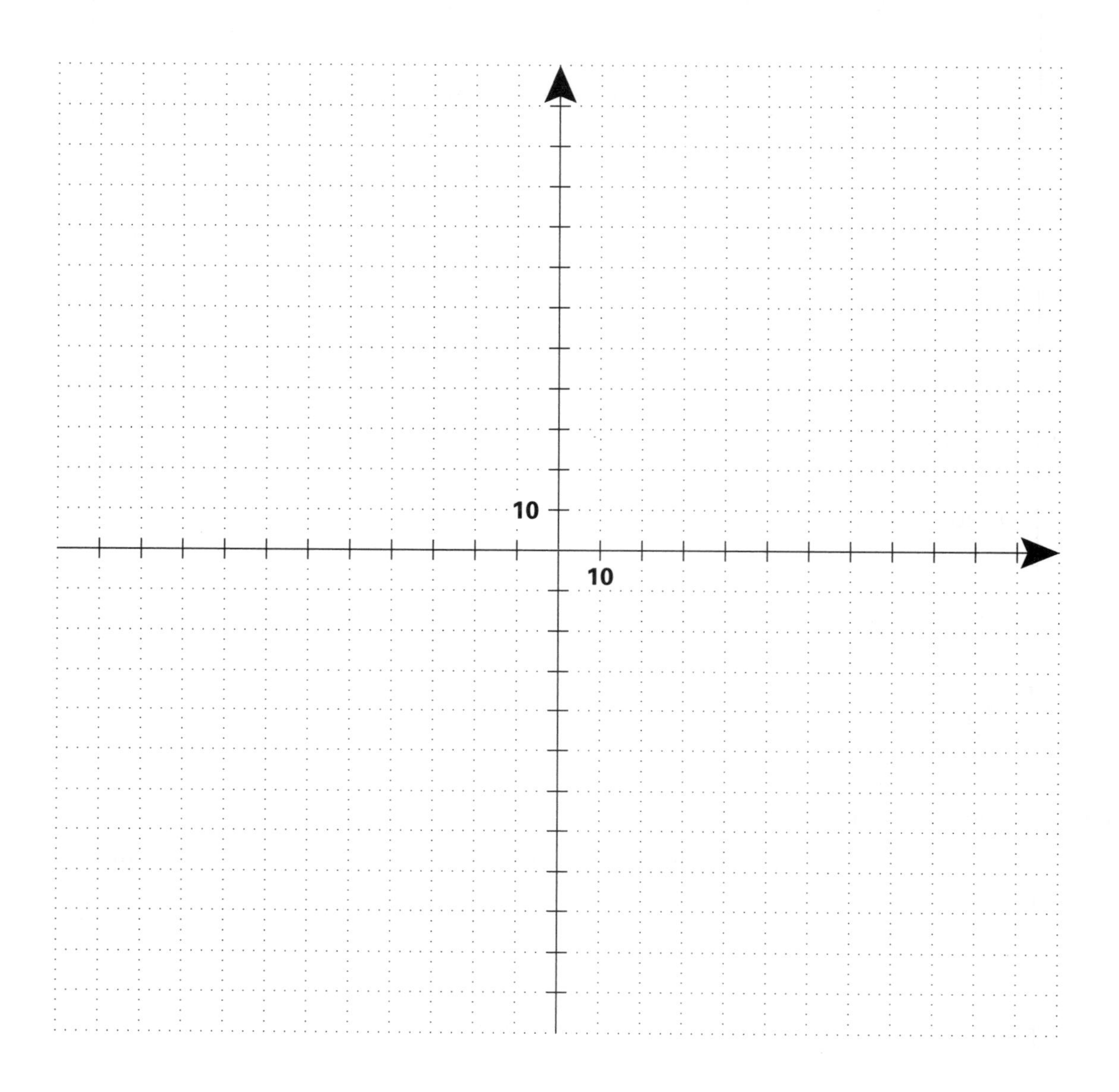

Y a-t-il concordance avec le graphe de f_{17} que vous aviez redessiné sur le système d'axes intitulé « Allure du graphe de la fonction » ? __________

Y a-t-il des renseignements que vous avez obtenus algébriquement et que votre première étude graphique ne vous avait pas permis de découvrir ?

____

____

Fonction $f_{18}(x) = 40\cos^2 x$

Allure du graphe de la fonction…

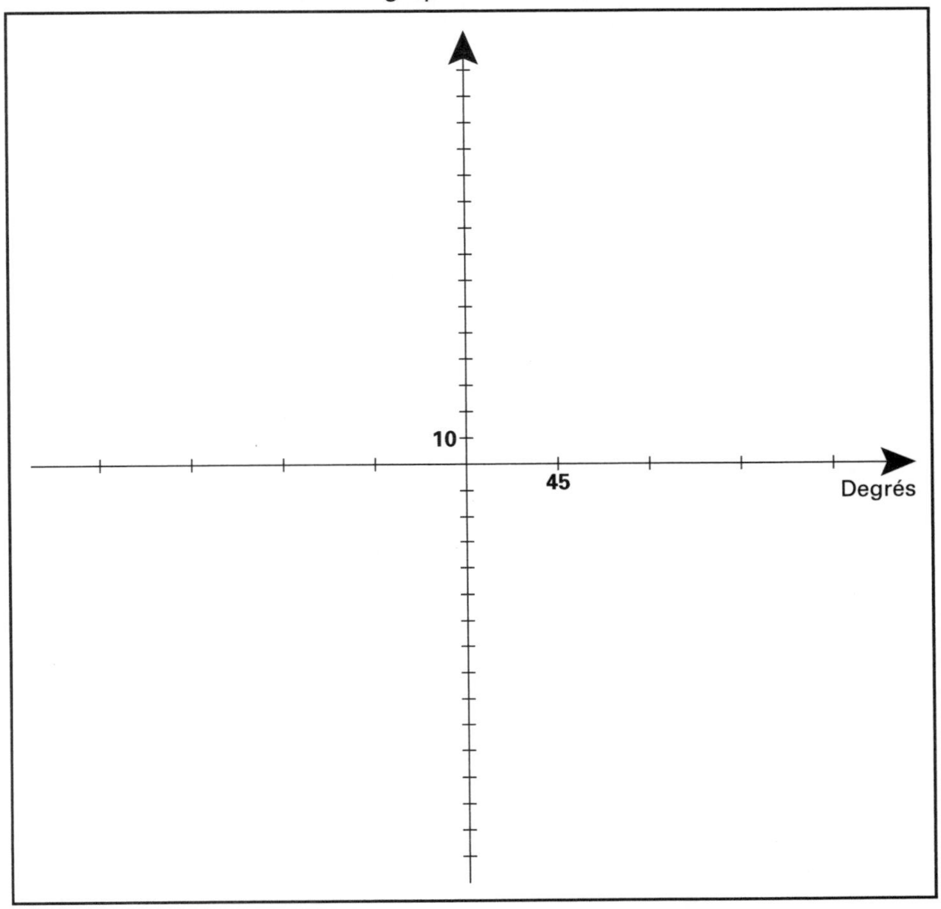

Allure de la fonction dérivée…

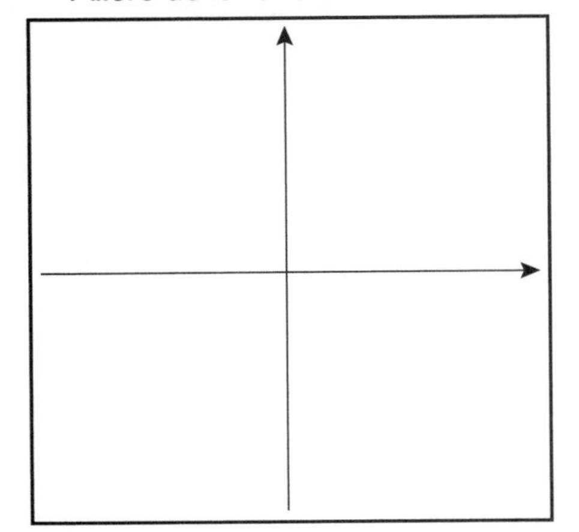

Intersections avec les axes…

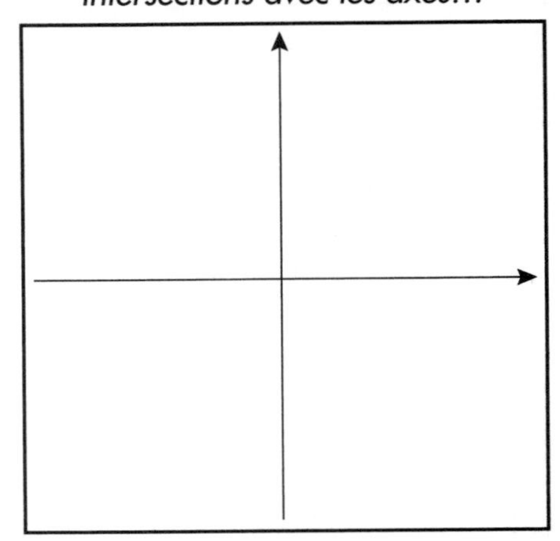

Bloc 1L

1L.1 Y a-t-il des valeurs réelles pour lesquelles vous n'obtenez pas d'images par f_{17}?
Si oui, lesquelles? ______________________________
(En laboratoire, ces valeurs sont celles pour lesquelles la procédure COUPLE utilisée avec $F18$ ne retourne pas de résultat.)

1L.2 Domaine de $f_{18}(x)$ = ______________

1L.3 Des points intéressants : les intersections avec les axes.
Ordonnée à l'origine : ______________ ... point correspondant : (_____, _____)
Zéro(s) ou racine(s) : ______________ ... point(s) correspondant(s) : (_____, _____)
(_____, _____)

1L.4 Placez les points que vous venez de trouver sur le système d'axes intitulé « Intersections avec les axes ».

Bloc 2L

2L.1 Quelles sont les particularités du graphe que vous observez à l'écran?

____

____

____

2L.2 Si vous travaillez en laboratoire, redessinez sur le système d'axes intitulé « Allure du graphe de la fonction » ce que vous voyez à l'écran.

2L.3 Les renseignements trouvés au bloc 1L concordent-ils avec le graphe que vous venez d'obtenir?

____

Bloc 3L

3L.1 Étude de la fonction autour de $x = 45°$.

- Si vous travaillez en laboratoire, les procédures LIMITEG et LIMITED vous ont permis d'étudier numériquement le comportement de la fonction à gauche et à droite de $x = 45°$. Voyons ce que vous avez obtenu ...
- Si vous ne travaillez pas en laboratoire, vous avez examiné graphiquement le comportement de la fonction à gauche et à droite de $x = 45°$ à l'exercice 7 de la section 2.4. Voyons ce que vous avez obtenu ...

S'il y a lieu, vos résultats numériques et le graphe de la fonction concordent-ils? ___________

Plus x s'approche de 45° par la gauche,
plus $f_{18}(x)$ s'approche de ________________ c.-à-d. $\lim_{x \to 45°_-} f_{18}(x)$ ________________

Plus x s'approche de 45° par la droite,
plus $f_{18}(x)$ s'approche de ________________ c.-à-d. $\lim_{x \to 45°_+} f_{18}(x)$ ________________

Vous pouvez conclure que $\lim_{x \to 45°} f_{18}(x)$ ________________

3.1 Évaluez algébriquement les limites suivantes:

a) $\lim_{x \to \frac{\pi}{4} \text{ rad}} 40 \cos^2 x =$

b) $\lim_{x \to \frac{\pi}{2} \text{ rad}} 40 \cos^2 x =$

c) $\lim_{x \to \pi \text{ rad}} 40 \cos^2 x =$

Y a-t-il concordance entre ces résultats algébriques, le graphe de la fonction et, s'il y a lieu, les calculs numériques de limites du bloc 3L? __________

Bloc 4L

4L.1 Étude de la fonction aux extrémités de l'axe des x.

- Si vous travaillez en laboratoire, les procédures LIM'INFINI, LIM'MS'INF vous ont permis d'étudier numériquement le comportement de la fonction lorsque x tend vers $+\infty$ et lorsque x tend vers $-\infty$. Voyons ce que vous avez obtenu …
- Si vous ne travaillez pas en laboratoire, vous avez examiné graphiquement ces comportements à l'exercice 7 de la section 2.13. Voyons ce que vous avez obtenu …

S'il y a lieu, vos résultats numériques et le graphe de la fonction concordent-ils? __________

Plus x s'approche de $+\infty$,
plus $f_{18}(x)$ s'approche de __________ c.-à-d. $\lim_{x \to +\infty} f_{18}(x)$ __________

Plus x s'approche de $-\infty$,
plus $f_{18}(x)$ s'approche de __________ c.-à-d. $\lim_{x \to -\infty} f_{18}(x)$ __________

4.1 Évaluez algébriquement les limites suivantes :

a) $\lim_{x \to +\infty} 40\cos^2 x =$

b) $\lim_{x \to -\infty} 40\cos^2 x =$

Y a-t-il concordance entre ces résultats algébriques, le graphe de la fonction et les calculs numériques de limites du bloc 4L ? __________

4.2 Recherche algébrique d'asymptotes horizontales.

Il faut évaluer les limites suivantes : ____________________________

Or, vous avez déjà évalué ces limites algébriquement. Vous avez obtenu :

____

Tirez vos conclusions en écrivant, s'il y a lieu, les équations des asymptotes horizontales et en indiquant la (les) région(s) où chacune joue son rôle.

____

Si vous avez trouvé des asymptotes horizontales, dessinez-les en pointillé sur le système d'axes intitulé « Allure du graphe de la fonction ».

Bloc 5L

5L.1 • Si vous travaillez en laboratoire, la procédure SÉCANTES vous a permis de rechercher les droites candidates au poste de tangente à la courbe de f_{18} au point d'abscisse $x = 0$ avec un écart $\Delta x > 0$ et avec un écart $\Delta x < 0$. Vous y avez de plus estimé la valeur limite de leur pente. Voyons ce que vous avez obtenu …

• Si vous ne travaillez pas en laboratoire, vous pourriez rechercher graphiquement les droites candidates au poste de tangente à la courbe de f_{18} au point d'abscisse $x = 0$ avec un écart $\Delta x > 0$ et avec un écart $\Delta x < 0$, comme au numéro 1 de la section 3.2. Ce serait un enrichissement.

$\Delta x > 0$

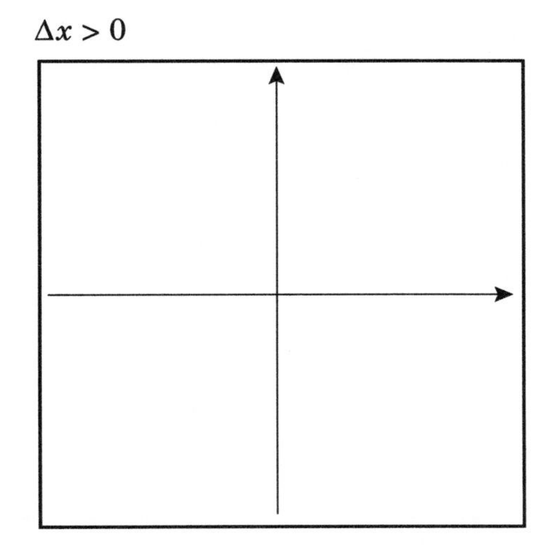

$\Delta x < 0$

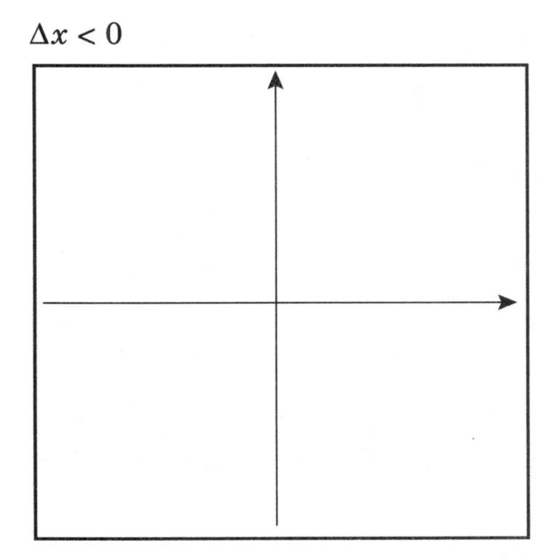

$\lim\limits_{\Delta x \to 0_+} m_{\text{sécante}} =$ __________

$\lim\limits_{\Delta x \to 0_-} m_{\text{sécante}} =$ __________

Ainsi, $m_{\text{tg en } (0,\ f_{18}(0))} = \lim\limits_{\Delta x \to 0} m_{\text{sécante}} =$ __________

5L.2 Quelles seront, en radians, les abscisses des points pour lesquels la pente de la tangente à $f_{18}(x)$ sera nulle?

____

Bloc 5

5.1 En utilisant la technique expliquée à la section 3.1.2 du manuel, esquissez le graphe de la fonction dérivée sur le système d'axes intitulé « Allure de la fonction dérivée », tel qu'on vous l'a demandé au numéro 18 de la section 3.2.

5.2 Dérivez algébriquement $f_{18}(x)$.

Évaluez : $f_{18}'(0 \text{ rad})$ ________________

$f_{18}'\left(\dfrac{\pi}{2} \text{ rad}\right)$ ________________

$f_{18}'(-\pi \text{ rad})$ ________________

Y a-t-il concordance avec le bloc 5L ? __________

5.3 Graphiquement, que se passe-t-il de spécial en $(0, f_{18}(0 \text{ rad}))$? (Convertissez..., car sur le graphe, nous travaillons en degrés, comme en LOGO...)

____

Graphiquement, que se passe-t-il de spécial en $\left(\dfrac{\pi}{2} \text{ rad}, f_{18}\left(\dfrac{\pi}{2} \text{ rad}\right)\right)$?

____

Graphiquement, comment se comporte la courbure du graphe de $f_{18}(x)$ en $x = \dfrac{\pi}{2}$ rad ?

____

5.4 Étude algébrique de la croissance de $f_{18}(x)$ pour $-\pi \leq x \leq \pi$ rad.

Recherche des valeurs critiques de $f_{18}(x)$:

Tableau de signes de $f_{18}'(x)$

Signe de $f_{18}'(x)$	
Croissance de $f_{18}(x)$	

La dernière ligne du tableau concorde-t-elle avec le graphe de f_{18} ? __________

6.1 Recherche d'un lien graphique entre le graphe de f_{18} et celui de sa dérivée.

Pour $-\pi \leq x \leq \pi$ rad, examinez le graphe de f_{18} (répondre en termes d'intervalles) :

- $f_{18}(x)$ semble être courbée vers le bas sur ________________________________
- $f_{18}(x)$ semble être courbée vers le haut sur ________________________________

Examinez la croissance-décroissance de f_{18}' sur le système d'axes intitulé « Allure de la fonction dérivée » pour les intervalles que vous venez de déterminer :

- Lorsque $f_{18}(x)$ est courbée vers le bas, $f_{18}'(x)$ est ________________________.
- Lorsque $f_{18}(x)$ est courbée vers le haut, $f_{18}'(x)$ est ________________________

6.2 Trouvez l'expression algébrique de la dérivée seconde de $f_{18}(x)$.

6.3 Étude algébrique de la concavité de $f_{18}(x)$ pour $-\pi \leq x \leq \pi$ rad.

Recherche des valeurs critiques de $f_{18}'(x)$:

Tableau de signes de $f_{18}''(x)$

Signe de $f_{18}''(x)$	
Concavité de $f_{18}(x)$	

La dernière ligne du tableau concorde-t-elle avec le graphe de f_{18} ? __________

7.1 Étude algébrique complète de $f_{18}(x)$ pour $-\pi \leq x \leq 2\pi$ rad :

En relisant les résultats algébriques que vous avez obtenus dans les blocs précédents, construisez le tableau-synthèse de la fonction.

Signe de $f_{18}'(x)$	
Signe de $f_{18}''(x)$	
Graphe de $f_{18}(x)$	

7.2 Tracez à la main le graphe correspondant au tableau-synthèse obtenu en 7.1.

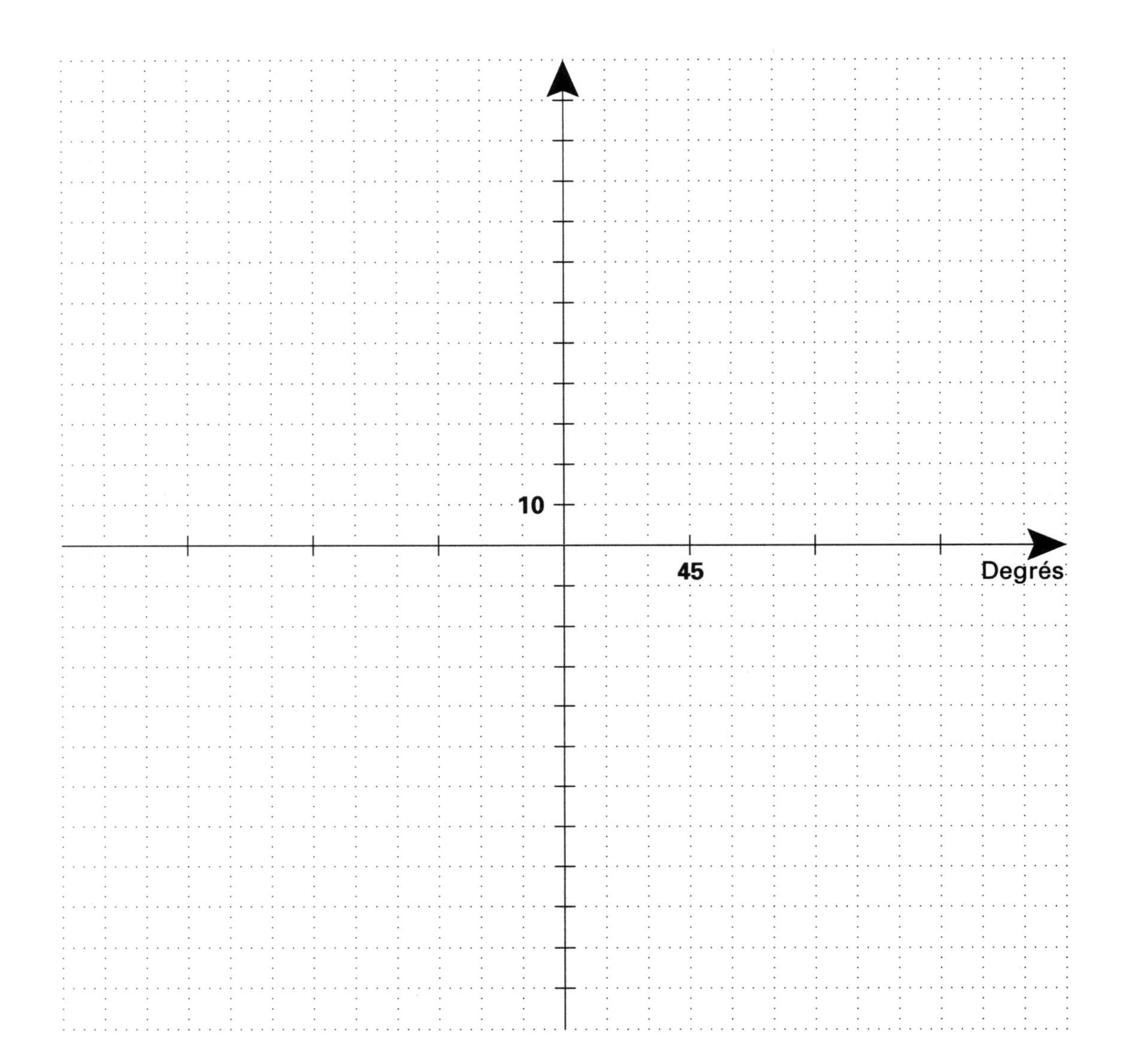

Y a-t-il concordance avec le graphe de f_{18} que vous aviez redessiné sur le système d'axes intitulé « Allure du graphe de la fonction » ? __________

Y a-t-il des renseignements que vous avez obtenus algébriquement et que votre première étude graphique ne vous avait pas permis de découvrir ?

____

____

Fonction $f_{19}(x) = x + \frac{50}{x+5}$

Allure du graphe de la fonction…

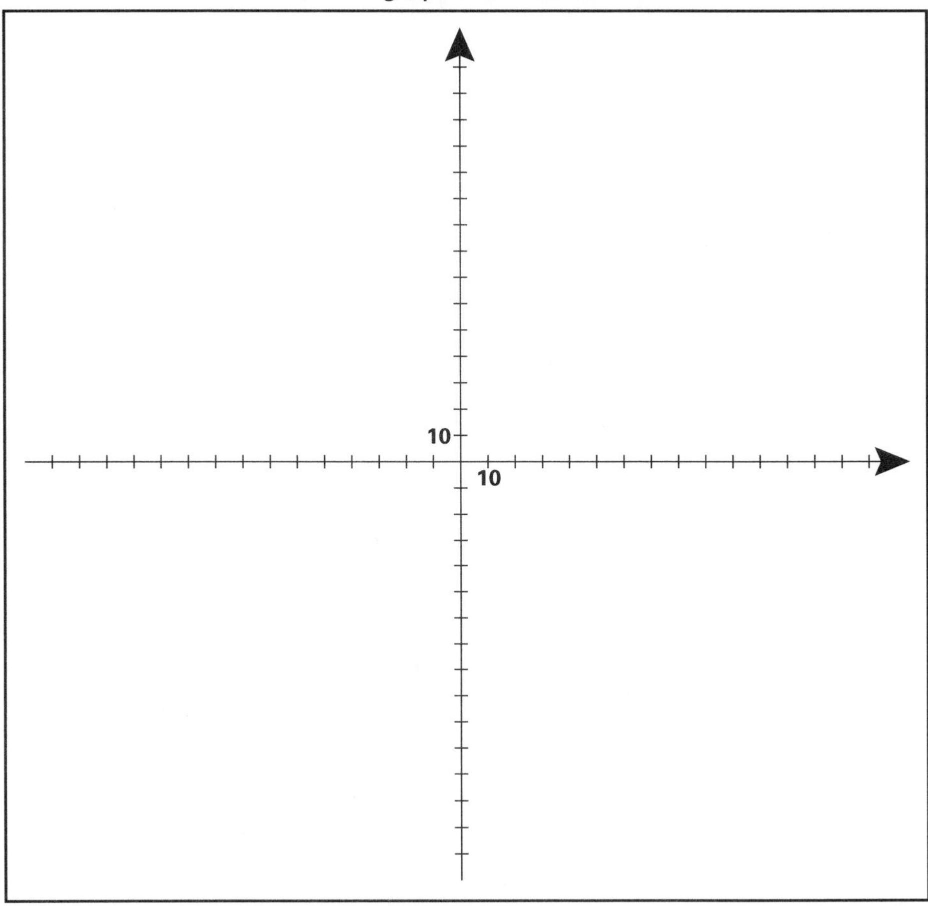

Allure de la fonction dérivée…

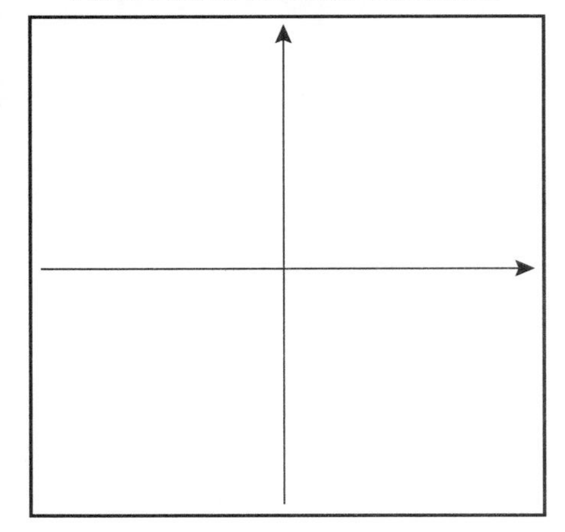

Intersections avec les axes…

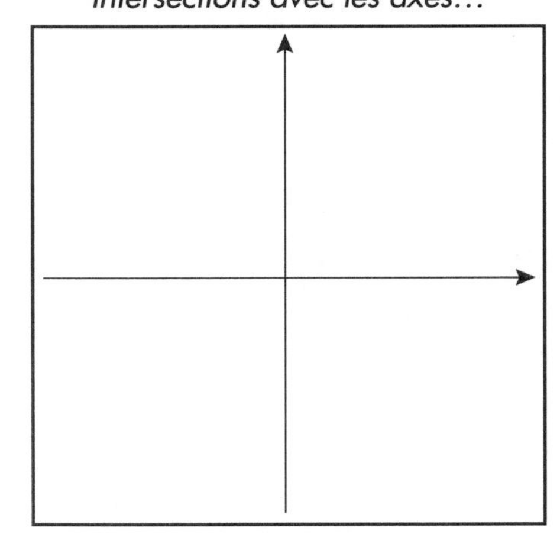

Fonction $f_{20}(x) = 0,01(x + 20)(x - 10)(x - 30)$

Allure du graphe de la fonction…

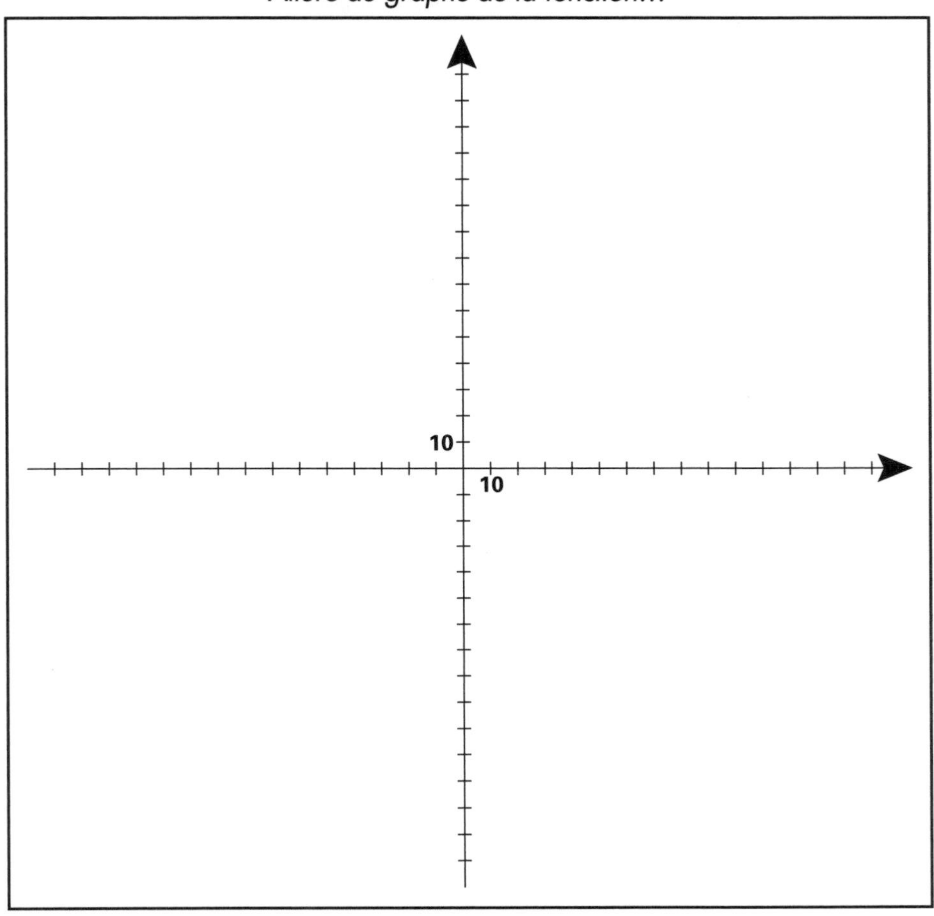

Allure de la fonction dérivée…

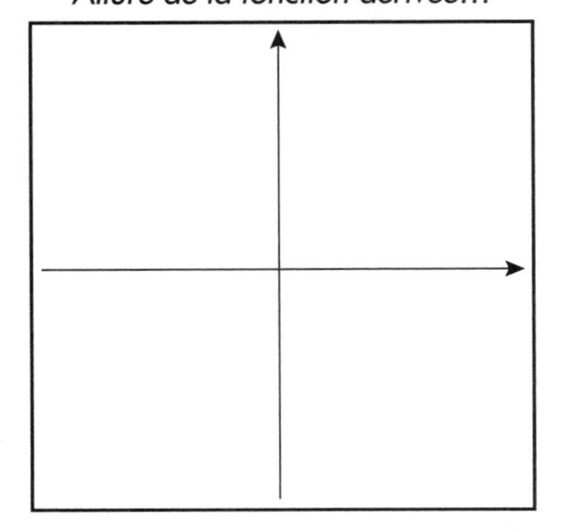

Intersections avec les axes…

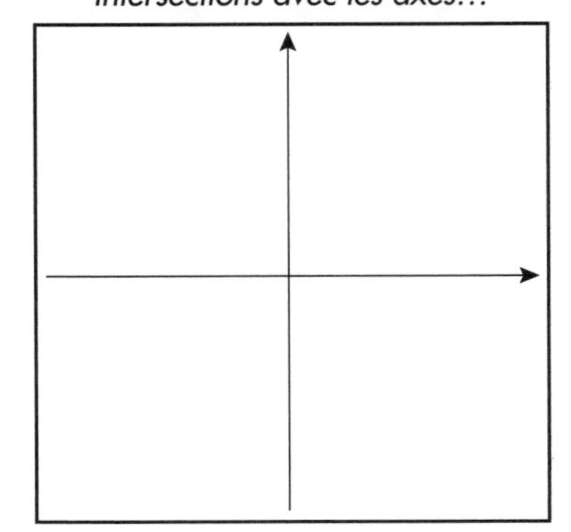

Fonction $f_{21}(x) = \dfrac{(x+20)(x-10)(x-30)}{x^2-100}$

Allure du graphe de la fonction…

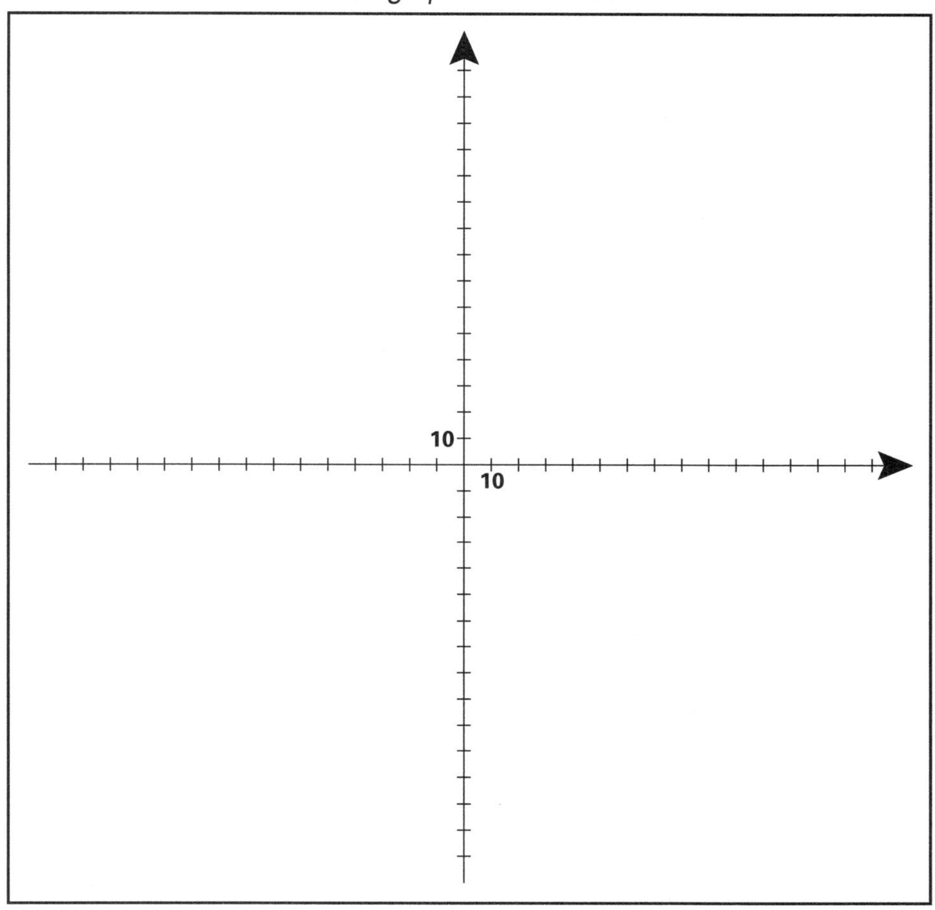

Allure de la fonction dérivée…

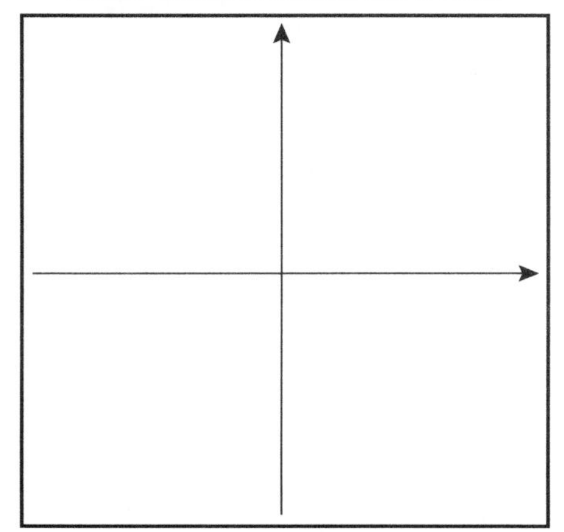

Intersections avec les axes…

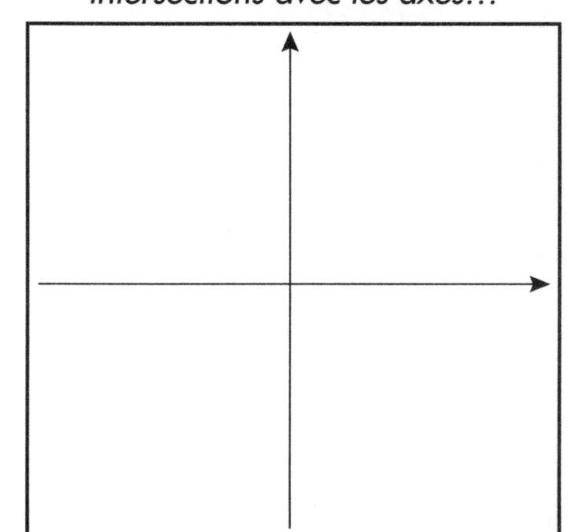

Fonction $f_{22}(x) = 80\left(\dfrac{x^2 - 100}{x^2 + 100}\right)^3$

Allure du graphe de la fonction…

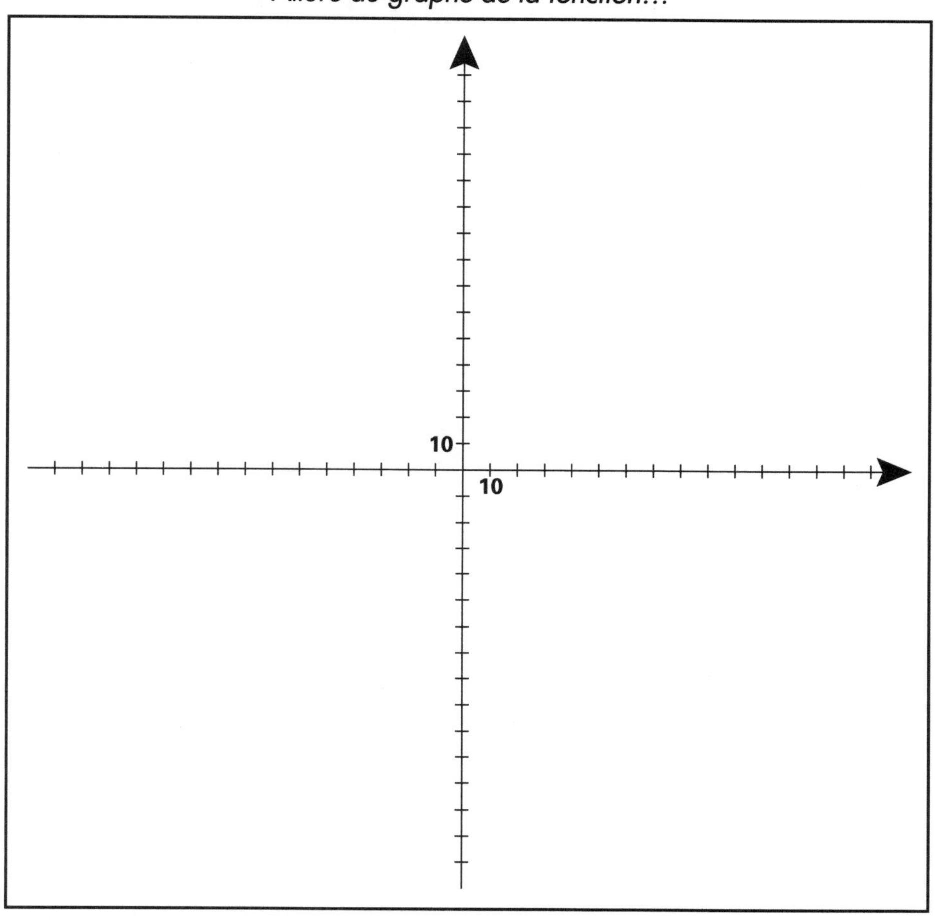

Allure de la fonction dérivée…

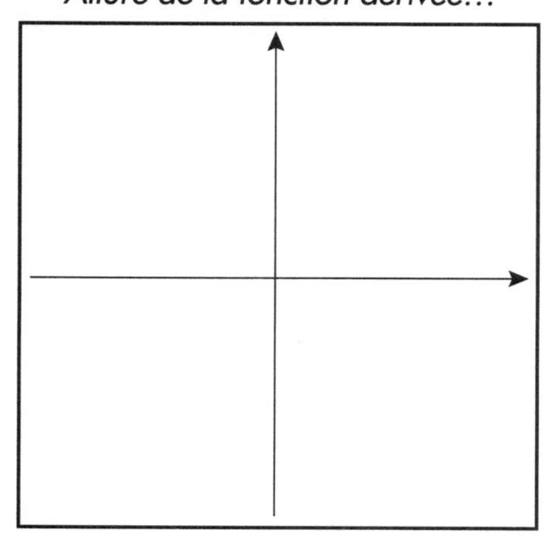

Intersections avec les axes…

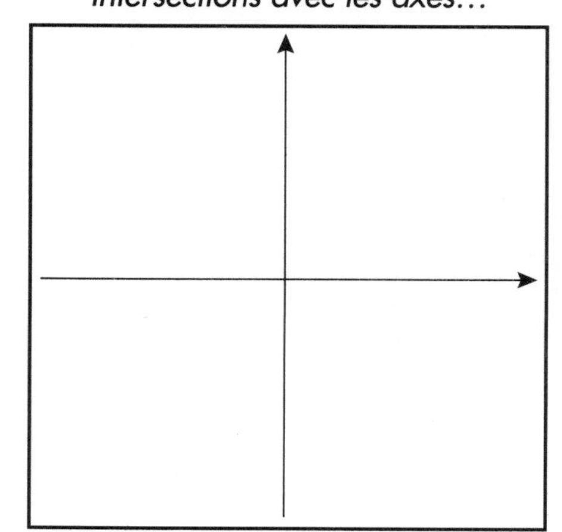

Fonction $f_{23}(x) = 80\left(\frac{x^2 - 100}{x^2 + 100}\right)^2$

Allure du graphe de la fonction…

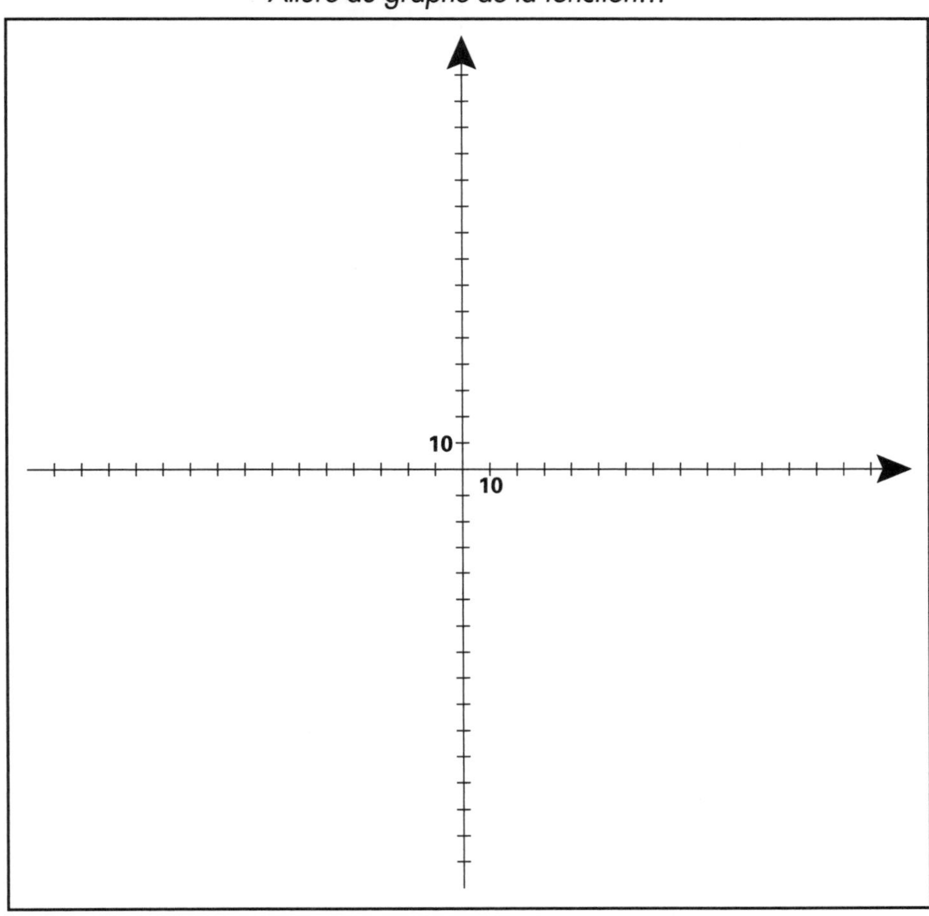

Allure de la fonction dérivée…

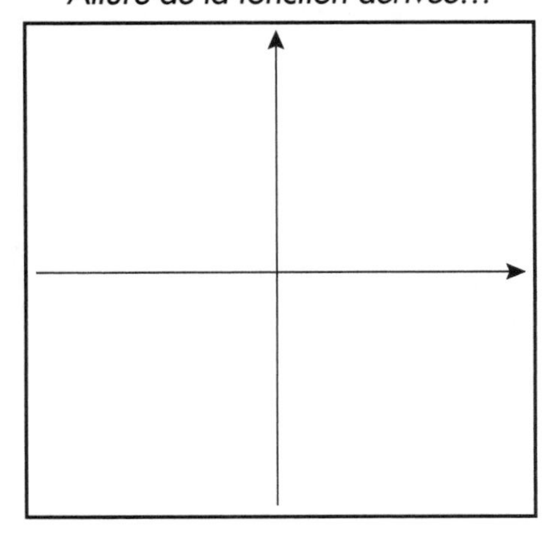

Intersections avec les axes…

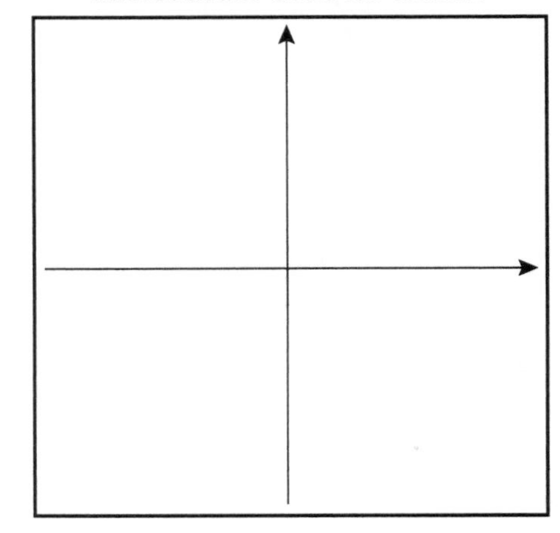

Fonction $f_{24}(x) = \left(\dfrac{x^2 + 100}{x^2 - 100}\right)^3$

Allure du graphe de la fonction…

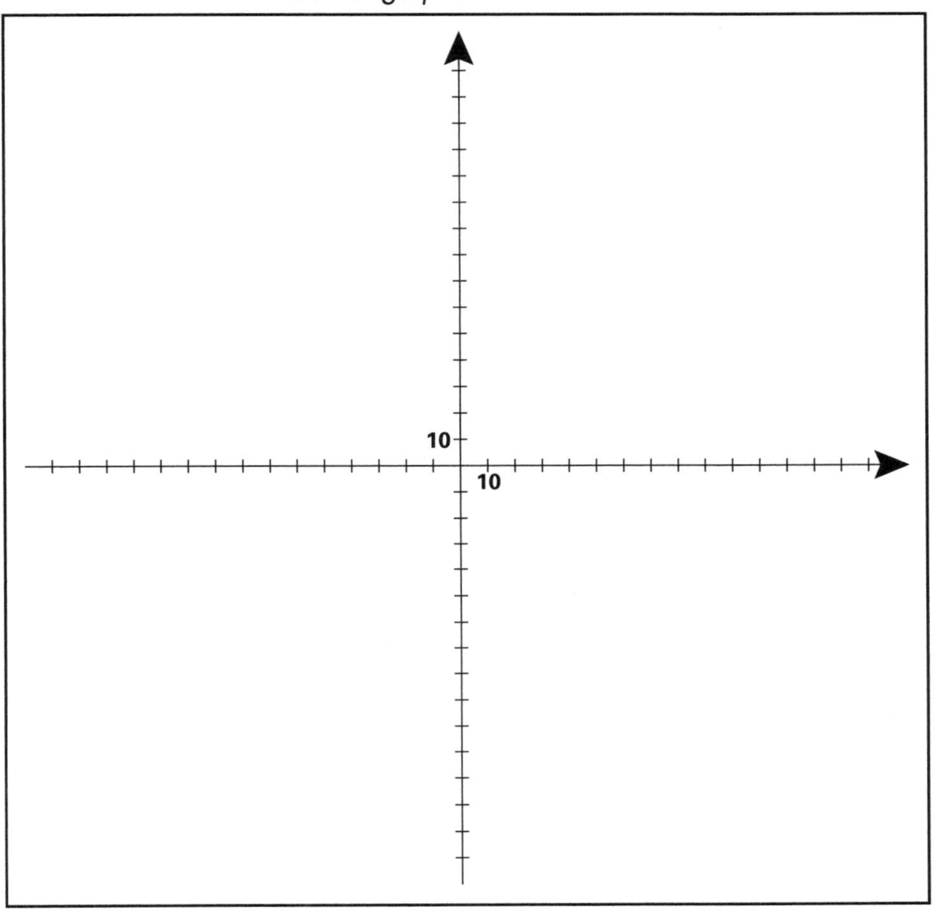

Allure de la fonction dérivée…

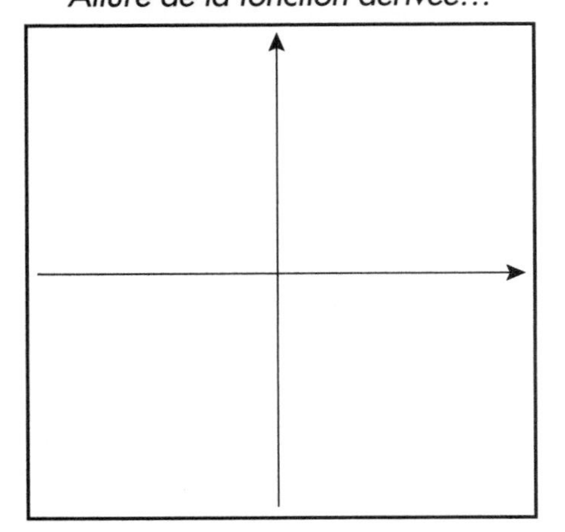

Intersections avec les axes…

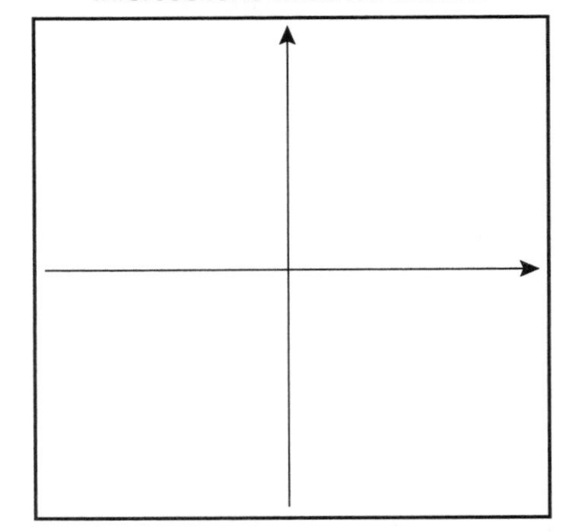

Fonction $f_{25}(x) = \left(\dfrac{x^2 + 100}{x^2 - 100}\right)^2$

Allure du graphe de la fonction…

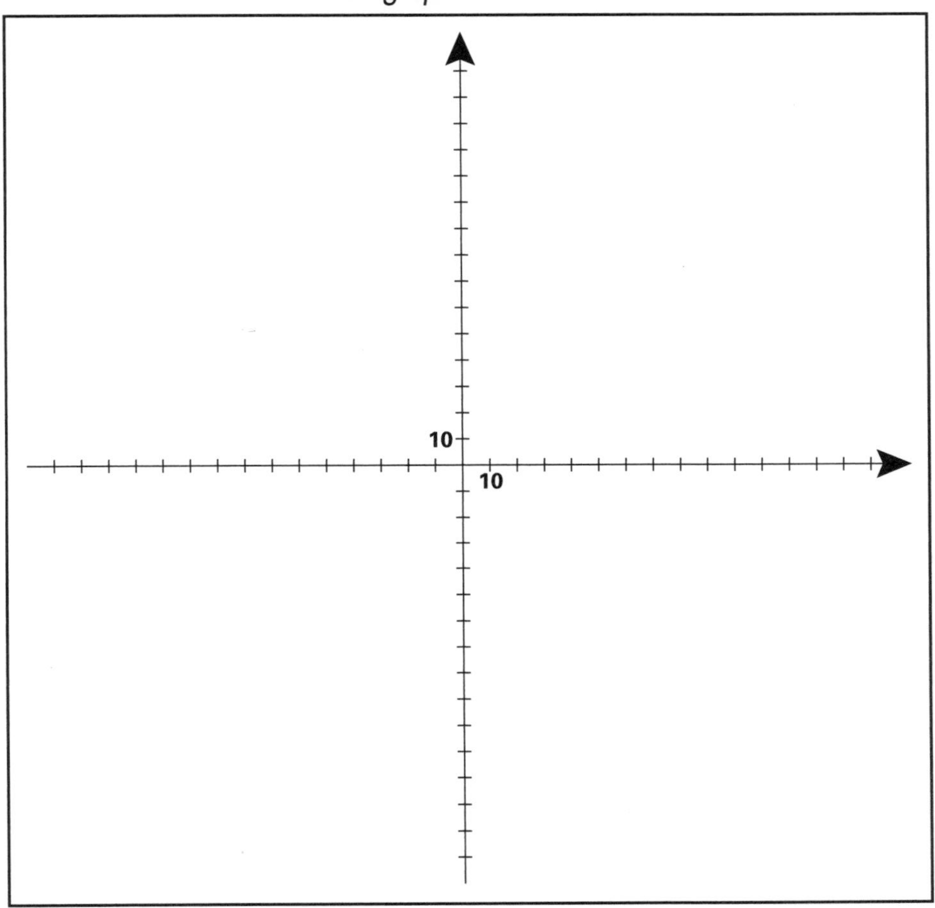

Allure de la fonction dérivée…

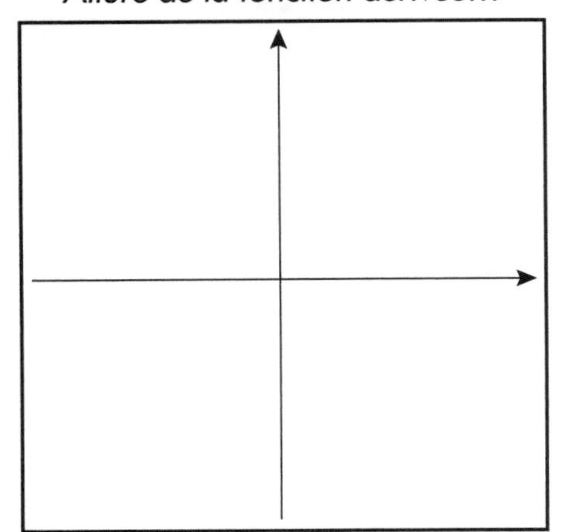

Intersections avec les axes…

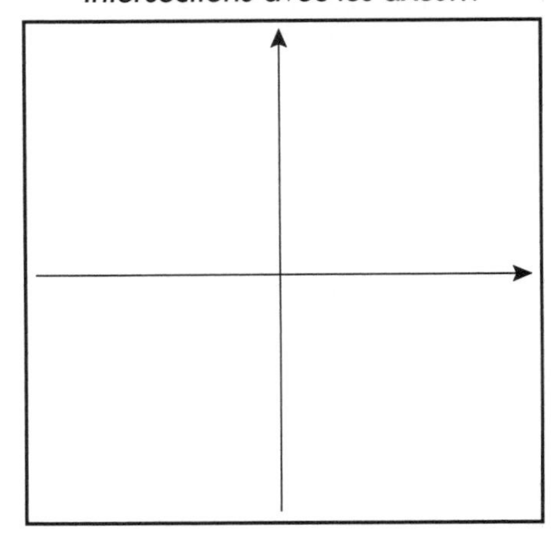

Fonction $f_{26}(x) = 20 \sin 4x + x$

Allure du graphe de la fonction…

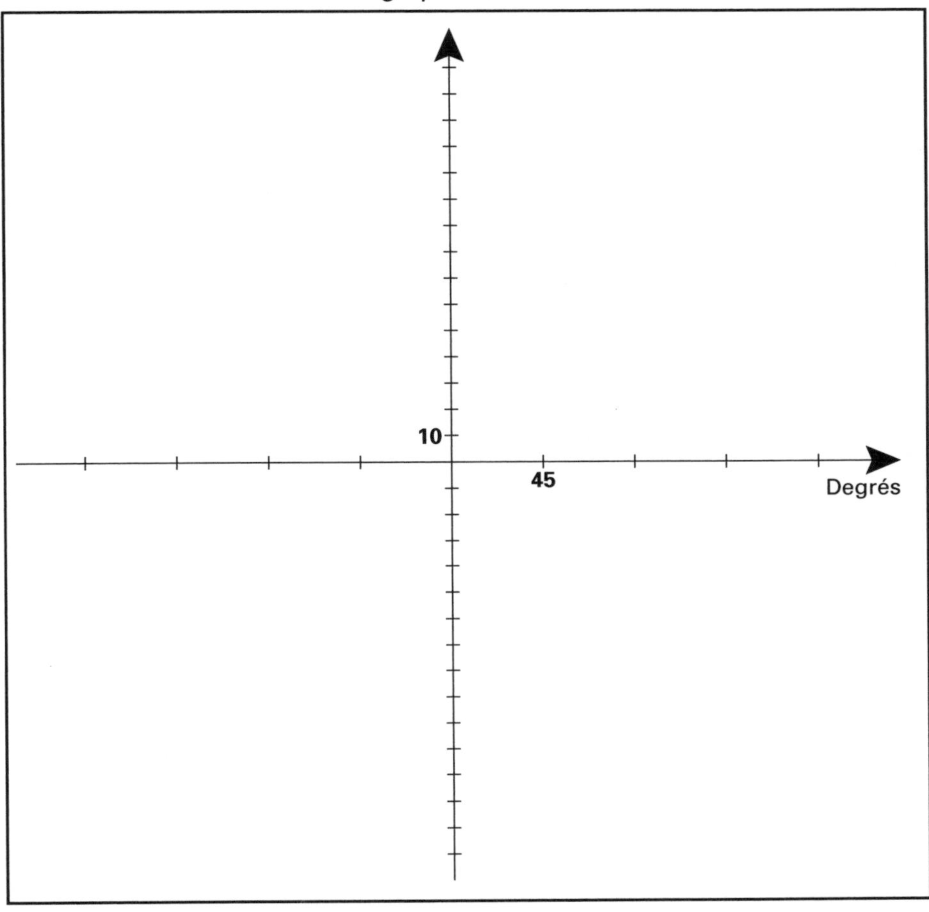

Allure de la fonction dérivée…

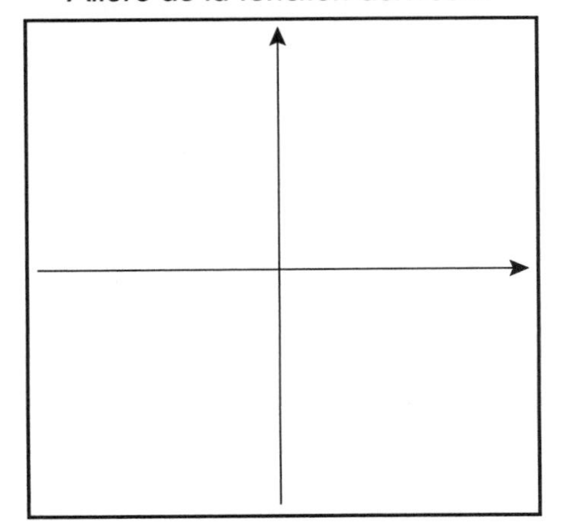

Intersections avec les axes…

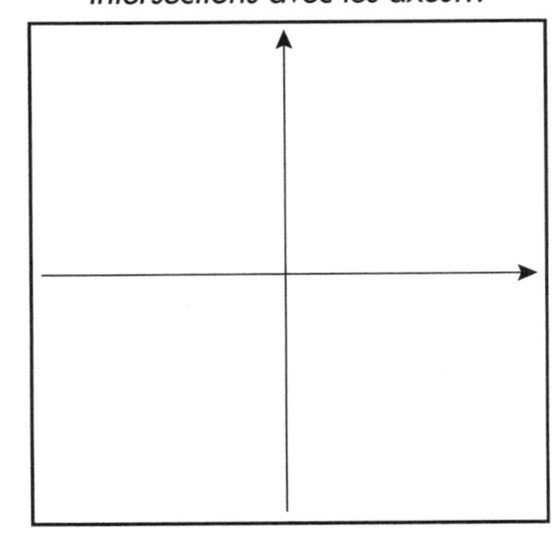

Fonction $f_{27}(x) = \dfrac{100}{1 + e^{-0,05x}}$

Allure du graphe de la fonction…

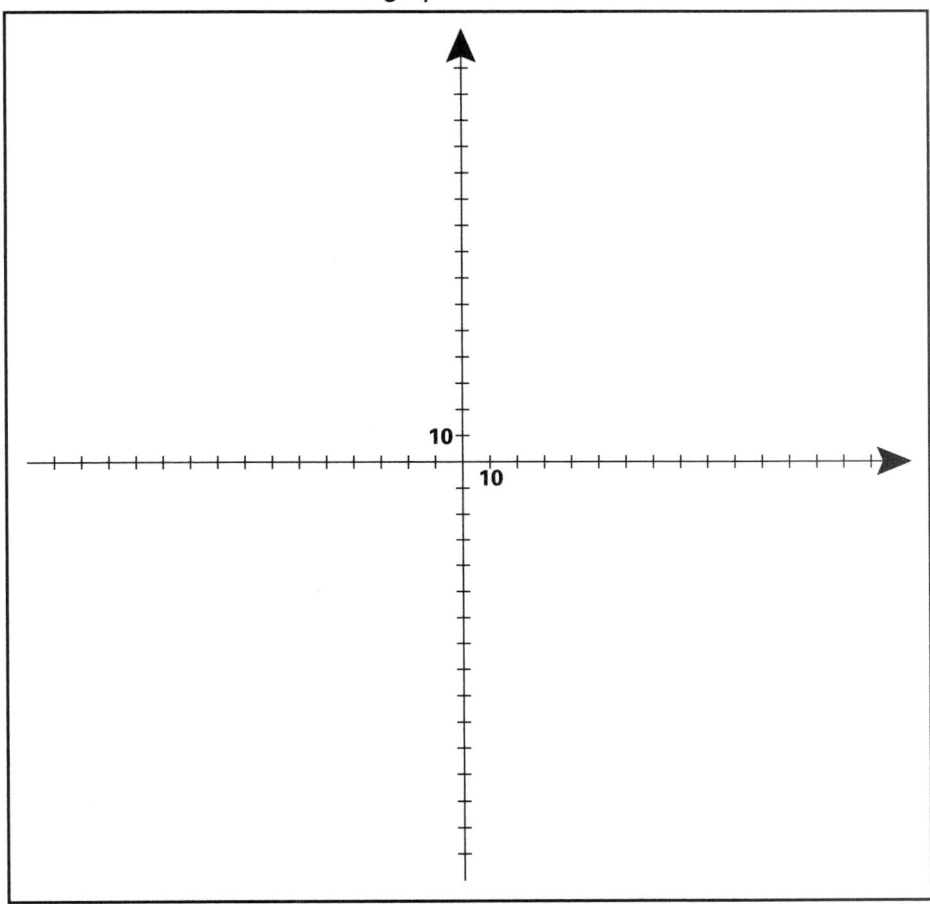

Allure de la fonction dérivée…

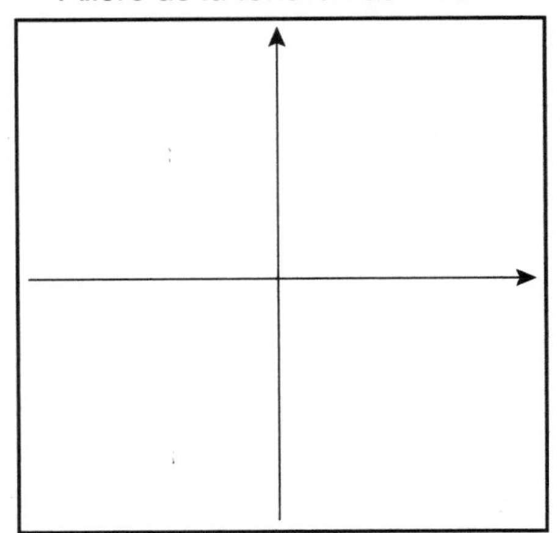

Intersections avec les axes…

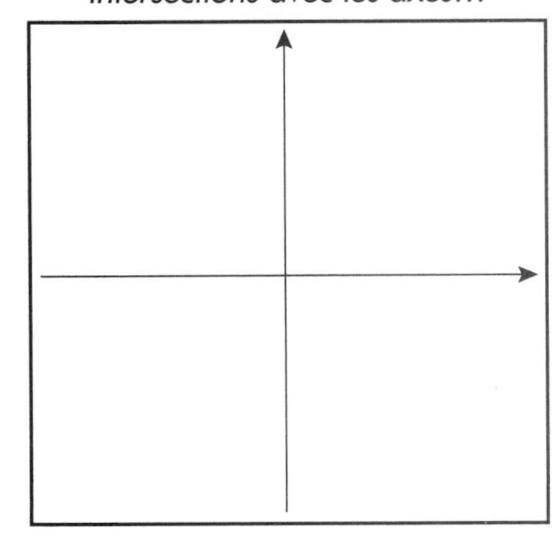

Fonction $f_{28}(x) = \dfrac{30x^2}{x^2 - 10x}$

Allure du graphe de la fonction...

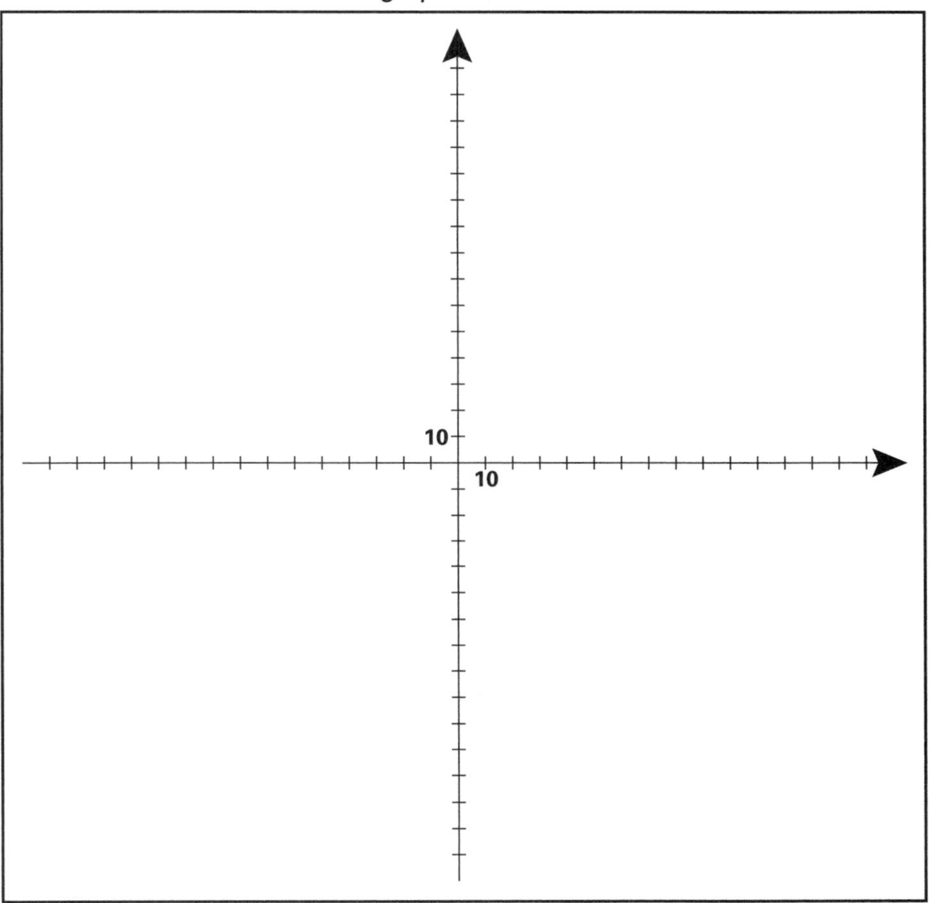

Allure de la fonction dérivée...

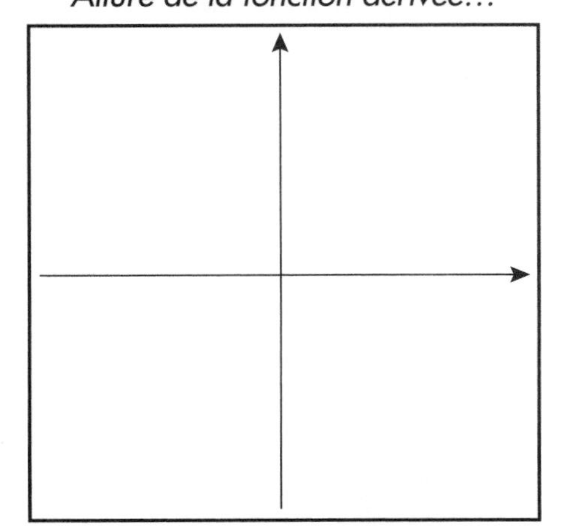

Intersections avec les axes...

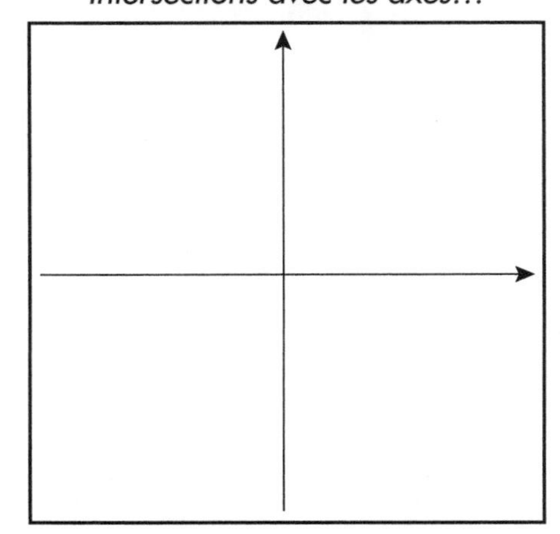

Fonction $f_{29}(x) = 30\left(\ln\left(\frac{x-25}{x+25}\right) - 1\right)$

Allure du graphe de la fonction…

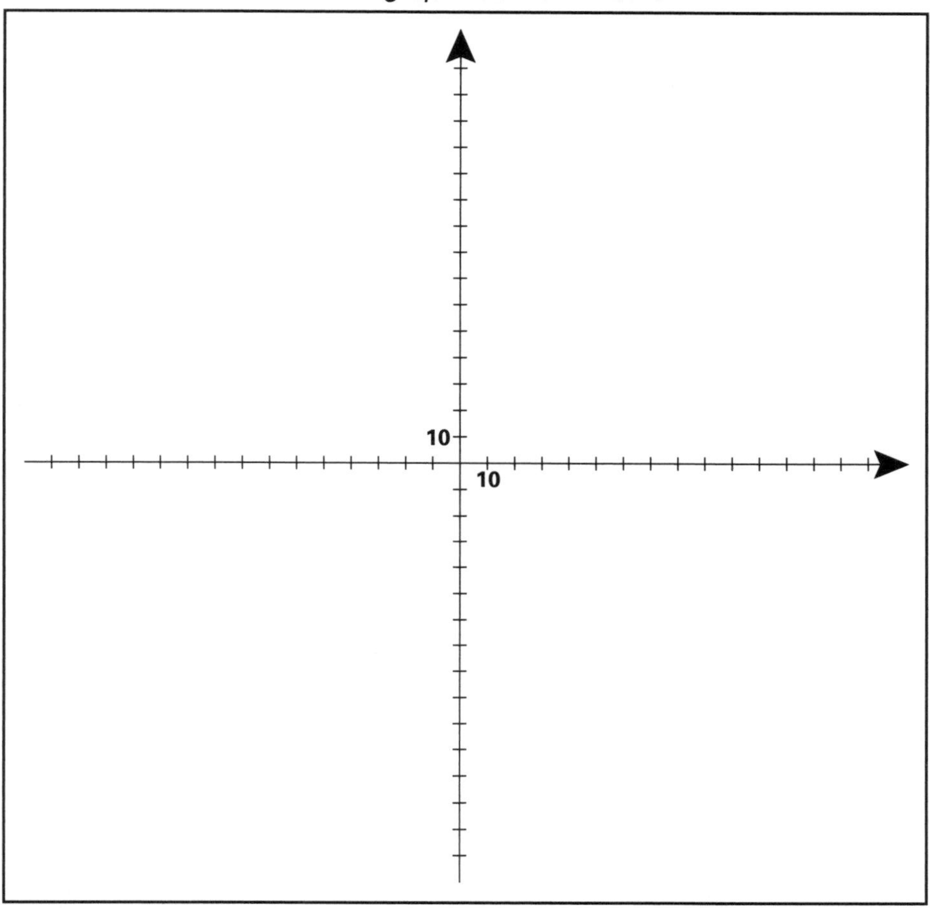

Allure de la fonction dérivée…

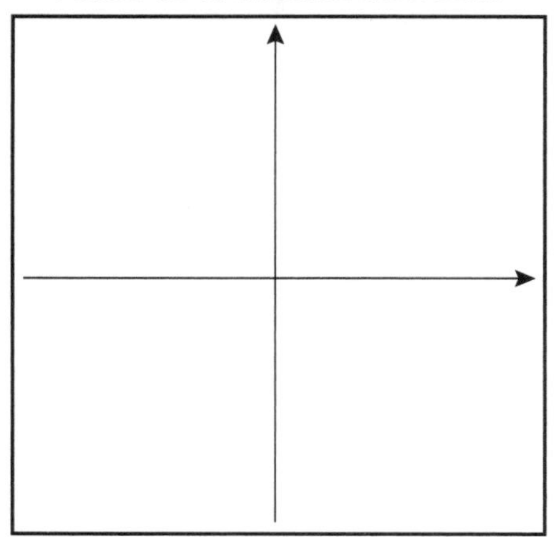

Intersections avec les axes…

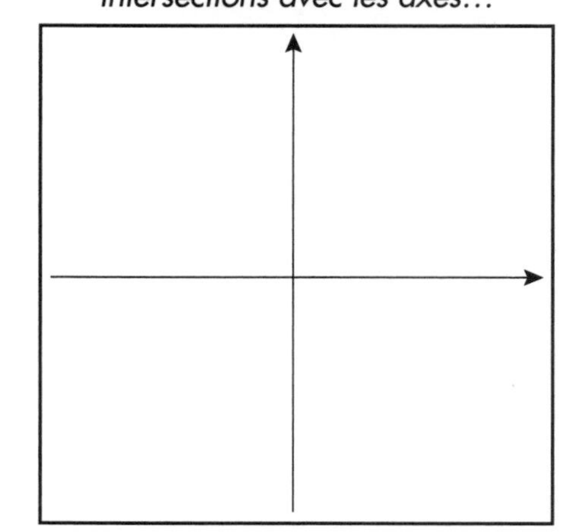

Fonction $f_{30}(x) = 30\big(\ln(x - 25) - \ln(x + 25) - 1\big)$

Allure du graphe de la fonction…

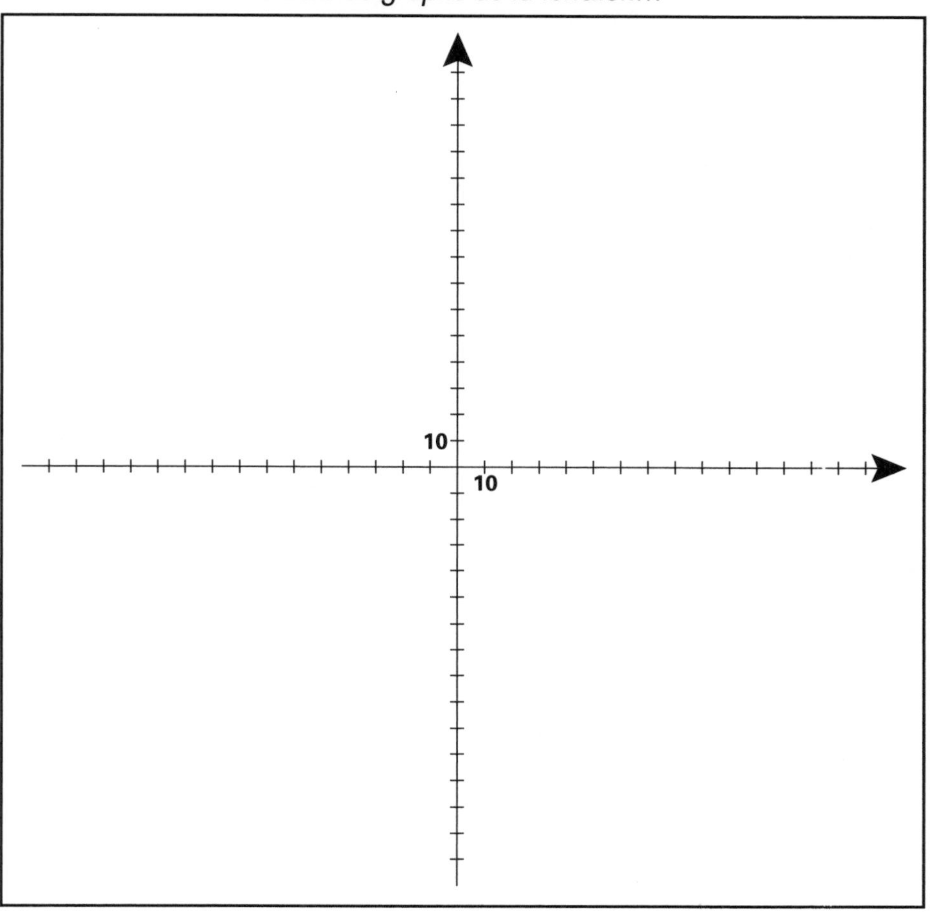

Allure de la fonction dérivée…

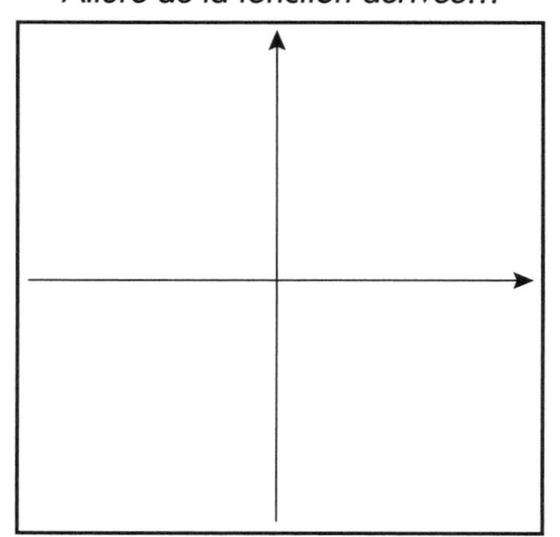

Intersections avec les axes…

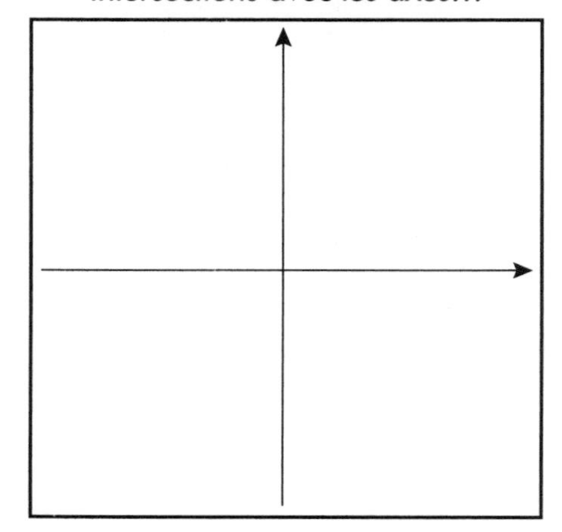